中等职业教育化学工艺专业规划教材编审委员会

主　任　邬宪伟
委　员（按姓名笔画排列）

丁志平	王小宝	王建梅	王绍良	王新庄	王黎明
开　俊	毛民海	乔子荣	邬宪伟	庄铭星	刘同卷
苏　勇	苏华龙	李文原	李庆宝	杨永红	杨永杰
何迎建	初玉霞	张　荣	张　毅	张维嘉	陈炳和
陈晓峰	陈瑞珍	金长义	周　健	周玉敏	周立雪
赵少贞	侯丽新	律国辉	姚成秀	贺召平	秦建华
袁红兰	贾云甫	栾学钢	唐锡龄	曹克广	程桂花
詹镜青	潘茂椿	薛叙明			

中等职业教育化学工艺专业规划教材

全国化工中等职业教育教学指导委员会审定

基 础 化 学

智恒平　于洪珍　主　编

王建梅　主　审

化学工业出版社

·北京·

本书为中等职业教育国家规划教材，是根据中国化工教育协会制订的《全国中等职业教育化学工艺专业教学标准》编写的。主要内容有：常见元素及其化合物、化学基本量、原子结构和元素周期律、化学反应速率和化学平衡、电解质溶液和化学电源、烃及其衍生物、生命活动的物质基础等内容。本书在编写过程中充分体现现代职教理念，合理构建教材体系，使教材易教易学，并有利于教学方法的改革和教学手段的更新。

本书可作为中等职业学校化工类专业教材，也可作为企业职工培训教材和工作参考资料使用。

图书在版编目（CIP）数据

基础化学/智恒平，干洪珍主编 . —北京：化学工业出版社，2009.1（2024.2重印）
中等职业教育化学工艺专业规划教材
ISBN 978-7-122-04260-6

Ⅰ. 基⋯　Ⅱ. ①智⋯②干⋯　Ⅲ. 化学课-专业学校-教材　Ⅳ. G634.81

中国版本图书馆 CIP 数据核字（2008）第 187767 号

责任编辑：旷英姿　　　　　　　　　装帧设计：周　遥
责任校对：战河红

出版发行：化学工业出版社（北京市东城区青年湖南街 13 号　邮政编码 100011）
印　　装：北京科印技术咨询服务有限公司数码印刷分部
787mm×1092mm　1/16　印张 11½　彩插 1　字数 272 千字　2024 年 2 月北京第 1 版第 12 次印刷

购书咨询：010-64518888　　　　　　　　售后服务:010-64518899
网　　址：http://www.cip.com.cn
凡购买本书，如有缺损质量问题，本社销售中心负责调换。

定　　价：30.00 元

序

"十五"期间我国化学工业快速发展，化工产品和产量大幅度增长，随着生产技术的不断进步，劳动效率不断提高，产品结构不断调整，劳动密集型生产已向资本密集型和技术密集型转变。化工行业对操作工的需求发生了较大的变化。随着近年来高等教育的规模发展，中等职业教育生源情况也发生了较大的变化。因此，2006 年中国化工教育协会组织开发了化学工艺专业新的教学标准。新标准借鉴了国内外职业教育课程开发成功经验，充分依靠全国化工中职教学指导委员会和行业协会所属企业确定教学标准的内容，注重国情、行情与地情和中职学生的认知规律。在全国各职业教育院校的努力下，经反复研究论证，于 2007 年 8 月正式出版化学工艺专业教学标准——《全国中等职业教育化学工艺专业教学标准》。

在此基础上，为进一步推进全国化工中等职业教育化学工艺专业的教学改革，于 2007 年 8 月正式启动教材建设工作。根据化学工艺专业的教学标准以核心加模块的形式，将煤化工、石油炼制、精细化工、基本有机化工、无机化工、化学肥料等作为选用模块的特点，确定选择其中的十九门核心和关键课程进行教材编写招标，有关职业教育院校对此表示了热情关注。

本次教材编写按照化学工艺专业教学标准，内容体现行业发展特征，结构体现任务引领特点，组织体现做学一体特色。从学生的兴趣和行业的需求出发安排知识和技能点，体现出先感性认识后理性归纳、先简单后复杂，循序渐进、螺旋上升的特点，任务（项目）选题案例化、实战化和模块化，校企结合，充分利用实习、实训基地，通过唤起学生已有的经验，并发展新的经验，善于让教学最大限度地接近实际职业的经验情境或行动情境，追求最佳的教学效果。

新一轮化学工艺专业的教材编写工作得到许多行业专家、高等职业院校的领导和教育专家的指导，特别是一些教材的主审和审定专家均来自职业技术学院，在此对专业改革给予热情帮助的所有人士表示衷心的感谢！我们所做的仅仅是一些探索和创新，但还存在诸多不妥之处，有待商榷，我们期待各界专家提出宝贵意见！

邬宪伟
2008 年 5 月

前　言

本书是根据中国化工教育协会制订的《全国中等职业教育化学工艺专业教学标准》，由全国化工中等职业教育教学指导委员会组织编写。

本书较好地处理了知识的逻辑顺序和中职学生的生理、心理发展顺序以及认知规律的关系，在初中化学的基础上，合理构建教材知识体系。全书共分三篇，第一篇进一步加深常见元素及其化合物等基础知识，与初中化学合理衔接。第二篇精心设计化学基本量、原子结构和元素周期律、化学反应速率和化学平衡、电解质溶液和化学电源等基本理论知识，使学生能扎扎实实地学习。第三篇有机化合物主要以官能团为框架构建知识体系，使教材的基本结构明显、层次分明、重点突出、循序渐进。

为便于学生学习，内容编排采用一些生产和生活中的具体实例，引导学生通过思考、探讨、实验、论证等学习活动，理解基本概念，掌握化学反应规律，提高学生的科学探究能力、创新精神和实践能力。

本书在处理量和单位问题时执行国家标准（GB 3100～3102—93），统一使用我国法定计量单位。本书除按化学工艺专业教学标准要求编写了必学内容以外，还设置有知识窗，供学生选学，以体现教材的灵活性，拓宽学生的视野。本书配有电子课件，供教学使用。

本书由山西省工贸学校智恒平和上海石化工业学校干洪珍主编，广西柳州化工技工学校梁汉红参编，南京化工职业技术学院王建梅主审。智恒平编写绪论、单元七～九，干洪珍编写单元三、五、六，梁汉红编写单元一、二、四，全书由智恒平统稿。

本教材在编写过程中得到中国化工教育协会、全国化工中等职业教育教学指导委员会、化学工业出版社、山西省工贸学校及相关学校的领导和同行们的大力支持和帮助，内蒙古化工职业学院乔子荣教授、陕西省石油化工学校王新庄副校长对本教材也提出了许多宝贵的建议和意见，在此一并表示衷心的感谢。

由于编者水平所限，教材中不妥之处在所难免，敬请读者和同行们批评指正。

编　者
2008 年 12 月

目　录

第一篇　常见元素及其化合物

第二篇　化学原理和概念

第三篇 有机化合物

绪　　论

一、化学的研究对象

在人类生存的世界上存在着形形色色、多种多样的万物和现象，它们之间虽有差别，但都是客观存在的物质。这些物质永远处于不断运动、变化、发展的状态之中，例如金属的生锈、岩石的风化、塑料和橡胶制品的老化、大气的污染、水质的下降以及在实验室中所见到的各种化学反应等，都是人们熟悉的物质变化。

化学是研究物质的组成、结构、性质、合成及其变化规律的一门自然科学。人们通过对化学的研究，进一步认识和掌握物质变化的内在规律，从而不仅可以利用自然，而且可以改造自然，合成自然界所没有的新物质，以改善及丰富人类生活，促进科学发展、社会进步而创造物质条件。

二、化学的发展概况

化学起源于人类生活需要、生产劳动和科学实践。从钻木取火、烤煮食物到制陶、酿酒、染色等。这些都是经过摸索研究而取得的实践经验的成果，形成了化学发展的萌芽时期。

我国是世界文明发达最早的国家之一，在化学发展史上有过极其辉煌的成就，对世界科学文化的发展作出了巨大的贡献。远在六千多年前，我们的祖先通过生产实践，成功烧制陶瓷技术。早在三千年前的商代，就已研究掌握了青铜的冶炼和铸造技术。两千多年前就已研究开发了冶铁炼钢。造纸、烧制瓷器、制造火药技术是我国古代化学工艺的三大发明，闻名世界。其他如酿酒、染色、油漆、制糖、制革、食品加工和制药等化学工艺在我国化学发展史上都有着重大的贡献。

17世纪前后三百年间，世界上各国科技工作者，在化学领域中，做出了巨大的贡献。英国科学家波义耳率先研究提出化学元素科学的概念，为化学科学做出了重大贡献。随后，法国化学家拉瓦锡研究出燃烧的氧化学说，使化学的发展进入正确的道路。19世纪初，英国化学家道尔顿原子论的创立和阿伏加德罗分子学说的提出，标志着近代化学研究发展到了一个新的时期。19世纪中叶，俄国化学家门捷列夫研究出化学元素周期表，揭示了元素的性质和原子量的关系，形成了系统的化学科学理论体系。从19世纪末X射线、放射线和电子等物理学的三大发现到20世纪初原子结构的研究确定后，使化学科学得到了新的发展。

在18世纪前后，中国由于受到帝国主义侵略，封建主义和官僚资本主义的压迫，加上思想上的闭关自守，使得我国科学技术的发展停滞不前，化学科学及化学工业曾处于落后状态。1949年10月1日中华人民共和国成立后，在中国共产党和人民政府的正确领导下，科技工作者的共同努力下，新中国的科学技术事业有了迅速的发展。化学学科、化学工业、石油化工等方面发生了巨大的变化，化肥、农药、三酸（盐酸、硝酸、硫酸）、两碱（纯碱、烧碱）等基本化工产品迅速增长，石油化工生产突飞猛进建成了塑料、化纤、橡胶、涂料及胶黏剂五大合成材料工业体系。用于火箭、导弹、人造卫星及核工业等的化工特殊材料均可自产。1965年我国科技工作者在世界上第一次用化学方法合成了具有生物活性的蛋白质——结晶牛胰岛素，20世纪80年代，我国科学工作者又在世界上首次用人工方法合成了一种具有与天然分子相同的化学结构和完整生物活性的核糖核酸，为人类揭开生命奥秘做出了贡献。此外，我国还人工合成了许多结构复杂的天然有机化合物，以及一些特效药物等，取得了创新的成就。

当今，化学随着基础理论研究的发展，以及实验技术的不断提高，使化学学科呈现出由宏观到微观、由定性到定量、由静态到动态的研究，由单一学科向综合学科和边缘学科发展的趋势，化学科学进入到现代化的时期。

三、化学在社会发展中的作用和地位

化学是一门实用性很强的科学，渗透到人类生活的各个方面，社会发展的各种需要也都与化学息息相关。

人们的衣、食、住、行、医都离不开化学。色泽鲜艳的衣料需要经过化学处理和印染，丰富多彩的合成纤维更是化学的一大贡献。粮食、蔬菜的生长需要化肥和农药。现代建筑所用的水泥、石灰、涂料、玻璃和塑料等材料都是化工产品。现代交通工具，不仅需要汽油、柴油作动力，还需要各种汽油添加剂、防冻剂，以及机械部分的润滑剂，这些无一不是石油化工产品。此外，药品、洗涤剂、美容品和化妆品等日常生活的用品也都是化学制品。可见我们的衣、食、住、行、医无不与化学有关，人人都需要用化学制品。

化学对于实现农业、工业、国防和科学技术现代化具有重要的作用。农业要大幅度的增产，农、林、牧、副、渔各业要全面发展，在很大程度上依赖于化学科学的成就。化肥、农药、各种饲料、植物生长激素和除草剂等化学产品，不仅可以提高产量，也改进了耕作方法。高效、低污染的新农药的研制，长效、复合化肥的生产，农、副产品的综合利用和合理储运，也都需要应用化学知识。在工业现代化和国防现代化方面，急需研制各种性能迥异的金属材料、非金属材料和高分子材料。在煤、石油和天然气的开发、炼制和综合利用中包含着极为丰富的化学知识，并已形成煤化学、石油化学等专门领域。导弹的生产、人造卫星的发射，需要很多种具有特殊性能的化学产品，如高能燃料、高能电池、高敏胶片及耐高温、耐辐射的材料等。

随着科学技术和生产水平的提高以及新的实验手段和计算机的广泛应用，不仅使化学科学本身有了突飞猛进的发展，而且由于化学与其他科学的相互渗透，相互交叉，也大大促进了其他基础科学和应用科学的发展和交叉学科的形成。目前国际上最关心的几个重大问题——环境的保护、能源的开发利用、功能材料的研制、生命过程奥秘的探索等都与化学密切相关。随着工业生产的发展，伴生的工业废气、废水和废渣污染环境。全球气温变暖、臭氧层破坏和酸雨是三大环境问题，正在危及人类的生存和发展。因此，"三废"的治理和利用，寻找净化环境和对污染情况监测的方法，都是当今化学工作者的重要任务。在能源开发和利用方面，化学工作者为人类使用煤和石油已作出了重大贡献，现在又在为开发新能源，利用太阳能和氢能源等的研究工作正在积极进行着。材料科学的发展是以化学、物理和生物学等为基础的边缘科学，它主要是研究和开发具有电、磁、光和催化等各种性能的新材料，如高温超导体、非线性光学材料和功能性高分子合成材料等。当今化学家和生物学家正在通力合作，探索生命过程中充满着各种生物化学反应的生命现象的奥秘等。

总之，化学是一门重要的基础科学。化学与国民经济各个部门、尖端科学技术各个领域以及人类生活各个方面都有着密切的关系。因此，我们应当努力学习化学，提高自己的科学素质，为实现祖国社会主义现代化建设的宏伟目标贡献自己的力量。

第一篇
常见元素及其化合物

单元一　非金属元素及其化合物

任务目标

1. 认识氯气、硫、氮气、磷、硅等非金属及其主要化合物的性质和用途。

2. 初步了解无机非金属材料的特点和用途。

3. 能用相关的化学知识解释一些生活现象或问题，进一步理解化学来源于生活，服务于生活。

4. 了解环境污染，增强学生的环保意识。

通过初中化学的学习可知，元素可分为金属元素和非金属元素。地壳中各元素的含量见图 1-1。

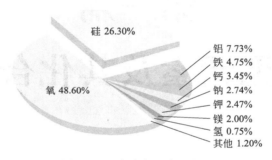

图 1-1　地壳中各元素的含量

目前已发现的 110 多种元素，除稀有气体外，非金属只有 10 多种。其中氧和硅是地壳中含量最多的元素。氮气和氧气是空气的主要成分。氮、氧、碳、氢、硫、氯、磷等是地球生命的重要基础元素。大气的主要污染物一般为非金属氧化物如 SO_2、NO_2、NO、CO_2 等。在构成人体的各种元素中，非金属元素占 95％以上。

任务一　认识卤素单质及其化合物的性质

元素氟（F）、氯（Cl）、溴（Br）、碘（I）、砹（At），它们都是活泼的非金属元素，性质相似，都容易与金属直接化合成盐，故统称为卤素。其中砹为放射性元素，在自然界中的含量很少。这里主要介绍卤素中具有代表性的氯元素，在此基础上学习氟、氯、溴、碘的相关知识。

想一想

自来水、游泳池的水通常用什么物质消毒，该物质具有什么性质，它是怎样起消毒作用的？

一、氯气（Cl₂）

氯很活泼，它在自然界只以化合态形式存在。

> **动手操作**
>
> 【实验 1-1】氯气的颜色和气味。
> 观察玻璃瓶内氯气的颜色，按图 1-2 的方法闻一闻氯气的气味。
> 讨论：
> 氯气在常温下的颜色和气味是怎样的？

图 1-2 闻气体的方法

1. 氯气的物理性质

氯气分子是由两个氯原子构成的双原子分子。在通常情况下，氯气呈黄绿色，其密度是空气的 2.5 倍，易液化成液态氯，工业上将液态氯简称为"液氯"，液氯便于储存和运输，储存液氯的钢瓶为草绿色。

注意

氯气有毒，具有强烈的令人窒息的刺激性气味，吸入少量的氯气会对呼吸道黏膜产生刺激，引起胸部疼痛和激烈的咳嗽，吸入大量的氯气会因为呼吸道及肺部水肿而使人窒息死亡。所以，在实验室里闻氯气时，必须十分小心，应该用手轻轻地在瓶口扇动，使极少量的氯气飘进鼻孔（如图 1-2）。

2. 氯气的化学性质

氯气能与多种金属和非金属直接化合，还能与水、碱等物质反应。

（1）氯气与金属的反应　赤热的铜丝在氯气中剧烈燃烧，瓶里充满棕色的烟，这是氯化铜晶体的微粒。

$$Cu + Cl_2 \xrightarrow{\text{点燃}} CuCl_2$$

> **动手操作**
>
> 【实验 1-2】铜在氯气中燃烧。
> 如图 1-3，把一束灼热的铜丝，放进充满氯气的集气瓶里，观察实验现象。
> 实验记录：
>
> | 实　验 | 实验现象 | 结　论 |
> | --- | --- | --- |
> | 1-2 | | |

氯气易和金属直接化合。加热时，许多金属能在氯气中剧烈燃烧，生成高价态的金属氯化物。

（2）氯气与非金属的反应　氯气能和许多非金属化合。在常温下，没有光线照射时，氯

图 1-3 铜在氯气中燃烧

气和氢气的化合非常缓慢；当点燃或用强光直接照射，氯气和氢气的混合气体就会迅速化合，甚至发生爆炸，生成氯化氢气体。

$$H_2 + Cl_2 \xrightarrow{\text{点燃}} 2HCl$$

氢气可以在氯气中安静地燃烧，火焰呈苍白色，瓶口有白雾产生。白雾是因为生成的氯化氢气体吸收空气中的水分，形成了盐酸的小液滴，即盐酸酸雾。工业上常利用此反应合成盐酸。

（3）氯气与水的反应

 思考

液氯和氯水是不是一回事？

在常温常压下，1 体积的水大约能溶解 2 体积的氯气，氯气的水溶液称为"氯水"。溶于水的氯气有 39％能与水发生反应，生成盐酸和次氯酸。

$$Cl_2 + H_2O \rule[0.5ex]{1em}{0.4pt} HClO + HCl$$
$$\text{次氯酸}$$

次氯酸是一种强氧化剂，能杀死水中的细菌。所以，自来水常用氯气（在 1L 水中通入 0.002g Cl_2）杀菌消毒。氯气、漂白精等可用于游泳池的消毒。此外，次氯酸的强氧化性还能使某些染料和有机色素褪色（如图 1-4 氯气使鲜花褪色），可作棉、麻和纸等的漂白剂。

图 1-4 氯气使鲜花褪色

（4）氯气与碱的反应　氯气与碱溶液反应，生成次氯酸盐、金属氯化物和水。

$$Cl_2 + 2NaOH \rule[0.5ex]{1em}{0.4pt} NaClO + NaCl + H_2O$$
$$\text{次氯酸钠}$$

次氯酸盐比次氯酸稳定，容易储运。市售的漂白粉和漂白精的有效成分是次氯酸钙。工业上用氯气与石灰乳作用生产漂白粉。

$$2Cl_2 + 2Ca(OH)_2 \rule[0.5ex]{1em}{0.4pt} Ca(ClO)_2 + CaCl_2 + 2H_2O$$
$$\text{次氯酸钙}$$

次氯酸钙需在酸性条件下才能转化为次氯酸，才具有漂白的作用。故工业上使用漂白粉时，常加入少量稀硫酸，在短时间里可以收到良好的漂白效果。

 思考

漂白粉长时间暴露在空气中为什么会失效？

在潮湿的空气里，次氯酸钙与空气里的二氧化碳和水蒸气反应，生成次氯酸而起漂白作用。

$$Ca(ClO)_2 + CO_2 + H_2O \Longrightarrow CaCO_3 \downarrow + 2HClO$$

3. 氯气的实验室制法

实验室一般用二氧化锰（MnO_2）与浓盐酸反应制取氯气。

$$4HCl(浓) + MnO_2 \xrightarrow{\triangle} MnCl_2 + 2H_2O + Cl_2 \uparrow$$

动手操作

【**实验 1-3**】实验室制取氯气。

如图 1-5 所示，在烧瓶里加入少量 MnO_2 粉末，通过分液漏斗向烧瓶中加入适量浓盐酸，缓缓加热，使反应加速进行。观察实验现象。用向上排空气法收集 Cl_2，多余的 Cl_2 用 NaOH 溶液吸收。

讨论：

1. 为什么用向上排空气法收集 Cl_2？

2. 多余的 Cl_2 为什么可以用 NaOH 溶液吸收？

3. 图 1-5 中集气瓶里除了 Cl_2 外可能还含有什么气体？

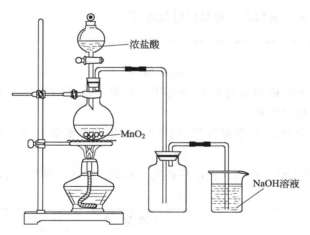

图 1-5 实验室制取氯气

4. 氯气的用途

氯气除用于自来水、游泳池的杀菌消毒外，还是一种重要的化工原料，可用于制取漂白粉和盐酸，制造橡胶、塑料、农药和有机溶剂等。

二、氟、溴、碘简介

1. 氟（F_2）

氟是淡黄绿色的气体，有剧毒，腐蚀性极强。

氟是最活泼的非金属，比氯更容易和氢、金属及多种非金属直接化合，且反应十分剧烈。例如，它和氢气混合，即使在暗处也会发生爆炸，同时放出大量的热，生成氟化氢（HF）。氟化氢是有刺激性臭味的气体，易溶于水，溶于水后即得氢氟酸。氢氟酸有毒，碰到皮肤能引起烫伤，难以愈合，它和玻璃中的二氧化硅作用生成四氟化硅气体和水。

$$SiO_2 + 4HF \!=\!=\! SiF_4 \uparrow + 2H_2O$$

利用这一特性，氢氟酸被广泛用于玻璃器皿上刻蚀花纹和标记。

 注意

氟对一切生物体有致命的毒性。因此，生产和使用氟必须在有特殊安全措施的条件下进行。

2. 溴　（Br_2）

溴在常温下为深红棕色液体，易挥发，它的蒸气有强烈的窒息性恶臭，应将其密闭保存于阴凉处。

 注意

溴具有很强的腐蚀性和毒性，使用时要避免灼伤皮肤或吸入大量溴蒸气刺激呼吸道、鼻黏膜而引起中毒。

溴微溶于水，在汽油、煤油、苯、四氯化碳等有机溶剂中的溶解度较大。利用这几种溶剂，可把溴从它的水溶液里提取出来。利用溶质在两种互不相溶的溶剂里溶解度的不同，选用一种溶剂，把溶质从它与另一种溶剂所组成的溶液里提取出来的方法，叫做萃取。

溴和金属、非金属的反应与氯相似，但不如氯那样剧烈。

3. 碘　（I_2）

碘是紫黑色晶体，具有金属光泽。碘难溶于水，易溶于碘化钾溶液或酒精、汽油、四氯化碳等有机溶剂中。

碘的化学性质与氯、溴相似，但活泼性比溴差。

动手操作

碘的特性

【实验1-4】把少量的碘晶体放在烧杯中，烧杯上放盛有冷水的烧瓶，在酒精灯上微热（如图1-6），观察现象。

【实验1-5】在含有 I_2 的水溶液的试管中，滴加几滴淀粉溶液，观察溶液颜色的变化（如图1-7）。

【实验1-6】把实验1-5中的 I_2 的水溶液换成 KI 的水溶液，现象又会是怎样呢？试试看。

实验记录：

实　验	实　验　现　象	结　论
1-4		
1-5		
1-6		

讨论：

1. 加热后碘由晶体直接变为气体，是物理变化还是化学变化？

2. 通过实验，你知道用什么物质可以检验碘单质的存在？

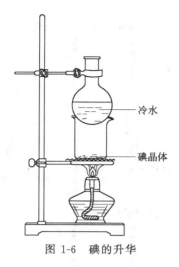

图 1-6　碘的升华

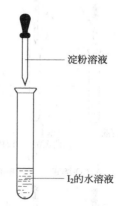

图 1-7　碘与淀粉的反应

（1）碘单质升华　碘被加热时，不经熔化就直接变为紫色蒸气，蒸气遇冷，重新凝聚成固体。这种固态物质不经过转变成液态而直接变成气态的现象叫升华。碘单质易升华。碘的蒸气具有刺激性气味，具有很强的腐蚀性和毒性。

（2）与淀粉反应　碘单质遇淀粉溶液显蓝色，这是碘的特性，可以用于鉴定碘单质的存在。

三、卤离子的检验

动手操作

【实验1-7】卤离子的检验。

分别向盛有氯化钠溶液、碳酸钠溶液、溴化钠溶液、碘化钾溶液的四支试管里，各加入几滴硝酸银溶液，观察沉淀的生成。再加入几滴稀硝酸，观察沉淀是否溶解，如图1-8所示。

实验记录：

实　验		实验现象	化学方程式
(a) NaCl 溶液	加入 AgNO₃ 溶液		
	加入硝酸		
(b) Na₂CO₃ 溶液	加入 AgNO₃ 溶液		
	加入硝酸		
(c) NaBr 溶液	加入 AgNO₃ 溶液		
	加入硝酸		
(d) KI 溶液	加入 AgNO₃ 溶液		
	加入硝酸		

结论：

在盛有 NaCl 和 Na_2CO_3 溶液的试管中滴入硝酸银溶液均有白色沉淀生成，在盛有 NaBr 和 KI 溶液的试管中滴入硝酸银溶液则分别有淡黄色和黄色沉淀生成。滴加稀硝酸后只有原来装碳酸钠溶液的试管中的沉淀消失。化学反应方程式如下：

$$NaCl + AgNO_3 = AgCl\downarrow（白色）+ NaNO_3$$

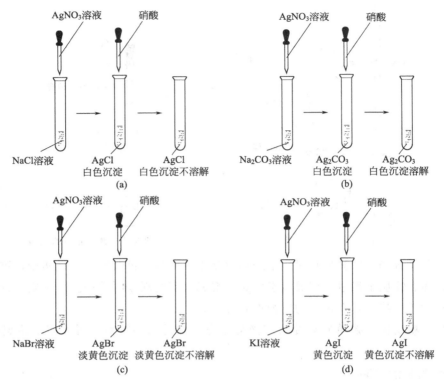

图 1-8 卤离子的检验

$$Na_2CO_3 + 2AgNO_3 \Longrightarrow Ag_2CO_3 \downarrow (白色) + 2NaNO_3$$

$$NaBr + AgNO_3 \Longrightarrow AgBr \downarrow (淡黄色) + NaNO_3$$

$$KI + AgNO_3 \Longrightarrow AgI \downarrow (黄色) + KNO_3$$

$$Ag_2CO_3(白色) + 2HNO_3 \Longrightarrow 2AgNO_3 + H_2O + CO_2 \uparrow$$

在分析化学中常用硝酸银试剂来检验溶液中是否有卤离子的存在。方法是：在被检验的溶液中滴入少量稀硝酸，将其酸化（可消除 CO_3^{2-} 的存在），再滴入 $AgNO_3$ 溶液，根据各种卤化银沉淀的颜色的不同，可以鉴定氯化物、溴化物和碘化物。

四、卤素单质的性质比较

表 1-1 列出了卤素单质的物理性质、化学性质及其用途。

表 1-1 卤族元素单质的性质比较

元素		氟（F）	氯（Cl）	溴（Br）	碘（I）
单质分子式		F_2	Cl_2	Br_2	I_2
物理性质	颜色	淡黄绿色	黄绿色	深红棕色	紫黑色
	状态	气体	气体	液体	固体
	密度变化	逐渐增大 →		
	熔、沸点变化	逐渐升高 →		
	溶解度（常温）$/g \cdot (100g\ H_2O)^{-1}$	反应	$0.983(310cm^3)$	4.17	0.029

续表

化学性质	与 H_2 反应	在冷暗处就能剧烈化合而爆炸，生成很稳定的 HF	在强光照射下剧烈化合而爆炸，生成较稳定的 HCl	在高温下缓慢化合，生成不稳定的 HBr	持续加热下缓慢化合，生成的 HI 很不稳定，同时发生分解
	与 H_2O 反应	迅速反应，放出 O_2	与水反应，生成 HCl 和 HClO	与水反应，但反应较氯弱	与水只起微弱的反应
	置换反应	能把氯、溴、碘从它们的卤化物中置换出来	能把溴、碘从它们的卤化物中置换出来	能把碘从它们的卤化物中置换出来	不能把其他卤素从它们的卤化物中置换出来
	活泼性顺序	$F_2 > Cl_2 > Br_2 > I_2$			

复习与讨论

1. 卤素包括哪些元素？
2. 试写出氯气与铁反应的化学方程式。
3. 日光照射下列物质，各有什么现象发生？
① 氯水；② 氯气和氢气的混合物。

知识窗　碘酒与红药水不能同时使用

　　碘酒是含有碘的杀菌能力很强的药水，红药水是汞溴红的水溶液，是一种外用消毒药。若二者混合使用，碘酒中的碘就会与汞溴红中所含的汞发生反应，生成一种剧毒物质——碘化汞。这种物质进入口腔或人体，将对皮肤黏膜或其他组织产生强烈的刺激作用，甚至会引起皮肤黏膜溃疡，危害人体健康。

任务二　认识含硫化合物的性质和应用

想一想

　　你知道含硫的化合物有哪些吗？它们有哪些性质和用途呢？

一、硫

　　硫是组成某些蛋白质分子的成分之一。因此，它是动植物生长所需要的一种元素。

1. 硫的物理性质

　　单质硫（俗称硫黄）通常是一种淡黄色的晶体。硫矿石如图 1-9 所示，质脆，易研成粉末。硫不溶于水，微溶于酒精，易溶于二硫化碳。

2. 硫的化学性质

图 1-9　硫矿石

图 1-10　硫在空气中燃烧

动手操作

【实验1-8】 硫的燃烧。

把少量硫粉放到燃烧匙里，在酒精灯上点着，然后把燃烧匙放进集气瓶中继续燃烧，将一截湿润的蓝色石蕊试纸置于瓶口（如图1-10）。观察发生的现象。

实验记录：

实　　验	实验现象	结　　论
1-8		

讨论：

蓝色石蕊试纸变红，说明产生的气体具有酸性还是碱性？

硫是一种化学性质比较活泼的非金属，与氧相似，容易与金属和非金属发生反应，但没有氧气活泼。与可变价的金属反应时，金属一般生成低价态的硫化物。硫与氧气、氢气、铁、铜的反应式如下：

$$S + O_2 \xrightarrow{\text{点燃}} SO_2$$

$$S + H_2 \xrightarrow{\text{点燃}} H_2S$$

$$S + Fe \xrightarrow{\triangle} FeS（黑色）$$

$$2Cu + S \xrightarrow{\triangle} Cu_2S（黑色）$$

3. 硫的用途

硫的用途广泛，化工生产中用于制硫酸；在橡胶工业中用于橡胶的硫化，增加橡胶的弹性和韧性；在农业上制造石灰硫黄合剂；医药上制硫黄软膏治疗某些皮肤病；硫还可以用来制造黑火药、火柴等。

二、硫化氢

1. 硫化氢的物理性质

硫化氢是无色、有臭鸡蛋气味的气体，比空气略重，能溶于水，其水溶液称为氢硫酸，是一种弱酸。

注意

硫化氢有剧毒，空气中 H_2S 限量为 $0.01mg \cdot L^{-1}$，当达到 0.1% 时，人会感到头痛、头晕和恶心，长时间吸入就会昏迷甚至窒息死亡。因此，在制取和使用 H_2S 时，必须注意通风。

2. 硫化氢的化学性质

硫化氢在较高温度时，易分解成氢气和硫。

$$H_2S \xrightarrow{\triangle} H_2 + S$$

硫化氢是可燃性气体，在空气充足的条件下，能完全燃烧，生成水和二氧化硫。空气不足，则发生不完全燃烧，生成水和单质硫。

$$2H_2S + 3O_2 \xrightarrow{点燃} 2H_2O + 2SO_2$$

$$2H_2S + O_2 \xrightarrow{点燃} 2H_2O + 2S$$

硫化氢在空气中能够将银、镍等很稳定的金属腐蚀。

三、二氧化硫（SO_2）

二氧化硫是一种无色、有刺激性气味的有毒气体，是一种大气污染物，易溶于水，与水反应生成亚硫酸（H_2SO_3）。H_2SO_3 只能存在于溶液中，它很不稳定，容易分解成水和二氧化硫。这种在同一条件下，既能向正反应方向进行，同时又能向逆反应方向进行的反应，叫做可逆反应。在可逆反应方程式中，通常用两个方向相反的箭头"$\rightleftharpoons$"，即可逆符号代替等号。即：

$$SO_2 + H_2O \rightleftharpoons H_2SO_3$$

二氧化硫在一定的温度（$400 \sim 500℃$）和有催化剂存在的条件下，可以与氧气反应生成无色的三氧化硫。

$$2SO_2 + O_2 \underset{\triangle}{\overset{催化剂}{\rightleftharpoons}} 2SO_3$$

SO_3 在常温常压下与 H_2O 反应生成硫酸，同时放出大量的热。

$$SO_3 + H_2O \rightarrow H_2SO_4$$

在工业生产上，常利用上述反应制造硫酸。

二氧化硫具有漂白作用，能使品红等有色有机物褪色。工业上常用二氧化硫漂白纸浆、毛、丝、草编制品等。二氧化硫的漂白作用是由于它能跟某些有色物质化合生成不稳定的无色物质。这种无色物质容易分解而使有色物质恢复原来的颜色。此外，二氧化硫还能杀灭霉菌和细菌，可以用作食物和干果的防腐剂。

动手操作

【实验1-9】二氧化硫的漂白品红作用。

把二氧化硫气体通入盛有品红溶液的试管里（如图1-11），观察溶液颜色的变化。把试管加热，再观察溶液发生的变化。

实验记录：

实　验	实验现象	结　论
1-9		

讨论：

上述实验现象说明二氧化硫有什么性质？

四、硫酸

1. 硫酸的物理性质

纯的硫酸为无色的油状液体，市售浓硫酸的质量分数约为 98%，密度为 $1.84g \cdot cm^{-3}$，硫酸是一种难挥发的强酸，易溶于水，能以任意比与水混溶。

2. 浓硫酸的三大特性

浓硫酸具有强氧化性、脱水性和吸水性等特性。

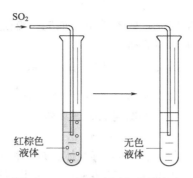

图 1-11 二氧化硫漂白品红溶液

动手操作

浓硫酸的性质

【实验 1-10】 在试管中加入一小段铜线，然后加入 3mL 浓硫酸，用装有玻璃导管的单孔胶塞塞好，加热。放出的气体依次通入品红试液和紫色石蕊试液中（如图 1-12）。观察溶液颜色的变化。

【实验 1-11】 在 200mL 烧杯中放入 20g 蔗糖，加入几滴水，搅拌均匀。再加入 15mL 溶质的质量分数为 98% 的浓硫酸，迅速搅拌。观察发生的现象。

实验记录：

实　　验	实　验　现　象	结　　　论
1-10		
1-11		

讨论：

1. 品红溶液褪色，推断铜与浓硫酸反应生成了什么气体？
2. 为什么蔗糖遇到浓 H_2SO_4 变黑？

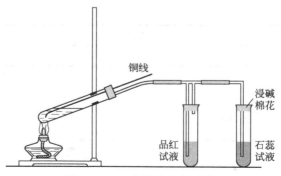

图 1-12 Cu 与浓硫酸的反应

（1）强氧化性　浓硫酸在受热时，能与金属、非金属发生反应，本身被还原为二氧化硫。

$$Cu + 2H_2SO_4（浓）\xrightarrow{\triangle} CuSO_4 + SO_2\uparrow + 2H_2O$$

$$C + 2H_2SO_4（浓）\xrightarrow{\triangle} CO_2\uparrow + 2SO_2\uparrow + 2H_2O$$

在常温下，浓硫酸与铁、铝等金属接触，使金属表面形成一层致密的氧化物保护膜，阻止内部金属继续与浓硫酸反应，这种现象称为金属的钝化。因此，运输和储存冷的浓硫酸时可以用铁制和铝制的容器。

（2）脱水性 浓硫酸能将碳水化合物（如糖、淀粉、蛋白质、纤维等）中的氢和氧按水的组成比脱去，使之炭化。例如：

$$C_{12}H_{22}O_{11} \xrightarrow{\text{浓硫酸}} 11H_2O + 12C$$

浓硫酸能严重地破坏动物组织，有强烈的腐蚀性，使用时要注意安全。

（3）吸水性 浓硫酸对水有强烈的亲合作用，能以任意比与水混溶生成一系列稳定的水合物，并放出大量的热，具有强烈的吸水性。常用作中性或酸性的非还原性气体的干燥剂。

 注意

在配制硫酸溶液时，切勿把水倒入浓硫酸中！由于浓硫酸对水有强烈的亲合作用，若把水倒入浓硫酸中，产生的热量会使硫酸溶液局部过热，导致浮在硫酸表面的水剧烈沸腾，产生的蒸气带着硫酸飞溅出来造成灼伤。因此，要将浓硫酸缓缓注入水中且不断搅拌，并且在敞口容器中进行。若不慎将浓硫酸溅到皮肤上，必须迅速用干抹布擦拭，再用大量水冲洗。

3. 硫酸根（SO_4^{2-}）的检验

动手操作

【实验1-12】硫酸根（SO_4^{2-}）的检验。

向分别盛有少量稀硫酸（H_2SO_4）、硫酸钠（Na_2SO_4）溶液、碳酸钠（Na_2CO_3）溶液的三支试管里，各加入几滴 $BaCl_2$ 溶液，观察发生的现象。再加入几滴稀盐酸，继续观察有什么变化。

实 验		加入 $BaCl_2$ 溶液	加入盐酸	结论
H_2SO_4（稀）	现象			
	化学方程式			
Na_2SO_4 溶液	现象			
	化学方程式			
Na_2CO_3 溶液	现象			
	化学方程式			

溶液均有白色沉淀生成，滴加盐酸后原来盛有碳酸钠溶液试管中的沉淀消失。化学反应方程式如下：

$$H_2SO_4 + BaCl_2 \longrightarrow BaSO_4 \downarrow + 2HCl$$
$$Na_2SO_4 + BaCl_2 \longrightarrow BaSO_4 \downarrow + 2NaCl$$
$$Na_2CO_3 + BaCl_2 \longrightarrow BaCO_3 \downarrow + 2NaCl$$
$$BaCO_3 + 2HCl \longrightarrow BaCl_2 + H_2O + CO_2 \uparrow$$

在分析化学中常用可溶性钡盐检验溶液中是否含有 SO_4^{2-}。方法是：在被检验的溶液中滴入少量稀硝酸或稀盐酸，将其酸化（消除 CO_3^{2-} 的干扰），再滴入可溶性钡盐溶液（如 $BaCl_2$ 溶液），如产生白色沉淀，则可判断该溶液中含有 SO_4^{2-}。

4. 硫酸的用途

硫酸是重要的化工产品，又是重要的基本化工原料。它的用途极广，如图 1-13 所示。

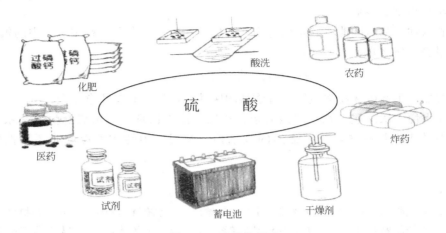

图 1-13　硫酸的用途

📖 **复习与讨论**

1. 写出硫跟氢气、硫跟氧气、硫跟铁反应的化学方程式。
2. 简述浓硫酸的特性，并举例说明。
3. 硫酸的主要用途有哪些？

任务三　认识氮、磷及其重要化合物

氮是地球上含量丰富的一种元素。主要以游离态存在于空气中，同时，在自然界里，氮也以化合态形式存在于动植物、土壤和水体中，它又是构成蛋白质和核酸不可缺少的元素。大气、陆地和水体中的氮元素在不停地进行着循环。

想一想

氮气是空气的主要成分，约占空气总体积的 78% 或质量的 75%，你知道它有什么性质吗？在电闪雷鸣的雨天（如图 1-14），空气中的氮气和有关的含氮化合物发生了哪些化学反应？产生了哪些物质？这些化学反应和所产生的物质对于人类的生产和生活有什么影响？

图 1-14　闪电

一、氮在自然界中的循环

氮是蛋白质的重要组成，动物、植物生长都需要吸收含氮的养料。空气中虽然含有大量的氮气，但多数生物不能直接吸收氮气，只能吸收含氮的化合物。因此，需要把空气中的氮气转变成氮的化合物，才能作为动植物的养料。自然界中的大豆、蚕豆等豆科植物根部的根瘤菌，能把空气中的氮气转变为硝酸盐等含氮的化合物。植物从土壤中吸收铵根离子和硝酸盐等含氮化合物，经过复杂的生物转化成蛋白质。动物则靠食用植物而获得植物蛋白质，并将其转化为动物蛋白。动物尸体残骸，动物的排泄物以及植物的腐败物等的蛋白质再在土壤中被细菌分解成铵根离子、硝酸盐和氨，又回到土壤和水体中，被植物再次吸收利用，部分被细菌分解而转化成氮气，氮气可再回到大气中；另外，放电条件下，空气中少量的氮气与氧气化合生成氮的氧化物，并随降水进入土壤和水体。这一过程保证了氮在自然界的循环。此外，人们通过化学方法把空气中的氮气转化为氨，再根据需要把氨转化成各种含氮化合物如氮肥、硝酸等。某些含氮化合物进入土壤和水体中进行转化。化石燃料燃烧、森林和农作物的枝叶燃烧所产生的氮氧化物通过大气进入陆地和海洋，参与氮的循环（见图 1-15）。

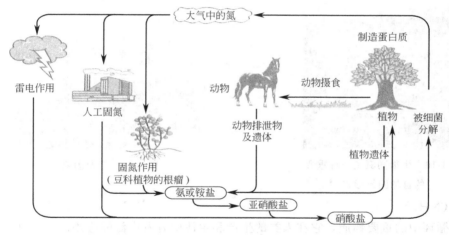

图 1-15 氮的循环

二、氮循环中的重要物质

1. 氮气 （N_2）

纯净的氮气是无色无味的气体，在标准状况下密度为 $1.25g \cdot L^{-1}$。在 101.3kPa 下，降温至 $-195.8℃$ 时，成为无色液体，$-209.86℃$ 时，成为雪状的固体。氮气在水里的溶解度很小，常温常压下，1 体积水中大约只溶解 0.02 体积的氮气。

氮气是由氮原子组成的双原子分子，两个氮原子结合得非常牢固。通常状况下，氮气的化学性质不活泼，很难与其他物质发生反应，但在一定条件下也能与一些物质反应。

（1）与氢气的反应 氮气与氢气在高温、高压和催化剂的作用下，可以直接化合成氨。

$$N_2 + 3H_2 \underset{\text{高温、高压}}{\overset{\text{催化剂}}{\rightleftharpoons}} 2NH_3$$

工业上利用这一反应原理合成氨。

（2）与氧气的反应 在雷雨交加的雨天，空气中的氮气和氧气直接化合成无色、不溶于水的一氧化氮（NO）气体。NO 在常温下很容易与空气中的 O_2 化合，生成红棕色、有刺激性气味的、有毒的二氧化氮（NO_2）气体。NO_2 易溶于水，它与水反应生成 HNO_3 和 NO。生成的硝酸随雨水淋洒到地面上，与土壤中的矿物作用，形成能被植物吸收的硝酸盐，这样，就使土壤从空气中得到氮，促使植物的生长。

$$N_2 + O_2 \xrightarrow{\text{放电}} 2NO$$

$$2NO + O_2 = 2NO_2$$

$$3NO_2 + H_2O = 2HNO_3 + NO$$

工业上利用这一反应制取硝酸。

将空气中游离态的氮转变为含氮化合物的方法，叫做氮的固定，简称固氮。在放电条件下氮气与氧气直接化合，根瘤菌将空气中的氮气通过生物化学过程转化为含氮化合物等均属于氮的固定。氮的固定主要有自然固氮和人工固氮（工业固氮）两种方式（见图1-16、图1-17）。

图 1-16　生物固氮是一种重要的自然固氮形式

图 1-17　工业固氮

2. 氨（NH_3）

氨是氮循环中的重要物质，它在人类的生产和生活中有着广泛的应用。

氨是无色，有特殊刺激性气味的气体，相同条件下，比同体积的空气轻。氨很容易液化，液态氨气化时要吸收大量的热，使周围的温度急剧下降，因此，氨常用作致冷剂。

（1）**氨与水反应**　氨极易溶于水，经测定，在常温、常压下，1体积水约可溶解700体积的氨，氨的水溶液称氨水。氨溶解于水时与水发生反应，生成一水合氨（$NH_3 \cdot H_2O$），其溶液显弱碱性，能使酚酞溶液变红。氨是碱性气体。

$$NH_3 + H_2O \rightleftharpoons NH_3 \cdot H_2O \rightleftharpoons NH_4^+ + OH^-$$

氨水对许多金属有腐蚀作用，所以不能用金属容器盛装。

（2）**氨与酸的反应**　在实验中可以看到，当两根玻棒接近时，产生大量的白雾。这白雾是氨水挥发出的 NH_3 与盐酸挥发出来的 HCl 化合生成的微小的氯化铵（NH_4Cl）晶体。

$$NH_3 + HCl = NH_4Cl$$

（3）**氨与氧气的反应**　通常状况下，氨在氧气中不反应，但在催化剂（如铂、铑等）存在的情况下能与氧气反应来制备生产硝酸所需的一氧化氮。

$$4NH_3 + 5O_2 \xrightarrow[\triangle]{\text{催化剂}} 4NO + 6H_2O$$

动手操作

【实验 1-13】在干燥的圆底烧瓶里充满氨气，用带有玻璃管和滴管（滴管里预先吸入水）的塞子塞紧瓶口。立即倒置烧瓶，使玻璃管插入盛有水的烧杯里（水里事先加入少量酚酞溶液），按图 1-18 所示安装好装置。挤压滴管的胶头，使少量水进入烧瓶，观察现象。

【实验 1-14】用两根玻璃棒分别蘸取浓氨水和浓盐酸，使两根玻璃棒接近（不要接触）如图 1-19 所示，观察实验现象。

实验记录：

实　　验	实 验 现 象	结　　论
1-13		
1-14		

讨论：

1. 氨溶解于水仅是简单的物理溶解过程吗？喷泉呈现红色说明了什么？
2. 图 1-19 中的现象为什么会发生？这个实验说明浓氨水和浓盐酸各具有什么性质？

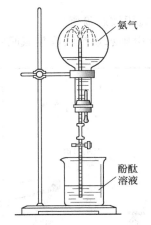

图 1-18　氨溶于水的喷泉实验

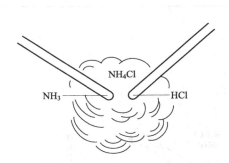

图 1-19　浓氨水与浓盐酸的反应

氨是氮肥工业、硝酸工业和有机合成工业的重要原料。化学氮肥主要包括铵态氮肥（主要成分为 NH_4^+）、硝态氮肥（主要成分为 NO_3^-）和有机态氮肥——尿素 $[CO(NH_2)_2]$。氮元素是植物体内氨基酸和蛋白质必需的组成元素，也是叶绿素的组成成分之一，因此，施用氮肥能促进作物生长，并能提高作物中蛋白质的含量。

铵态氮肥包括硫酸铵、碳酸氢铵、氯化铵等。那么怎样科学地施用铵态氮肥呢？要解决这一问题，首先要了解铵态氮肥的主要成分——铵盐的性质。

3. 铵盐

由铵根离子和酸根离子构成的化合物叫铵盐。铵盐都是晶体，并且都能溶于水。

（1）铵盐受热分解　实验证明，除硝酸盐外，铵盐受热一般分解放出氨气。

$$NH_4Cl \xrightarrow{\triangle} NH_3\uparrow + HCl\uparrow$$

NH_3 和 HCl 遇冷又重新结合为 NH_4Cl。

碳酸氢铵在 30℃ 以上即可分解。

$$NH_4HCO_3 \xrightarrow{\triangle} NH_3\uparrow + CO_2\uparrow + H_2O$$

动手操作

铵盐的性质

【实验 1-15】 取少量氯化铵固体放在试管中加热（如图 1-20），观察现象。

【实验 1-16】 在试管中加入少量氯化铵固体，再滴加适量的 10% NaOH 溶液，加热，并将湿润的红色石蕊试纸贴在玻璃棒上靠近试管口（如图 1-21），观察实验现象。

【实验 1-17】 按图 1-22 所示的装置制取氨。加热试管中的氯化铵和消石灰混合物，用倒立的干燥的试管收集氨。把湿润的红色石蕊试纸放在试管口，观察试纸颜色的变化，可以检验氨是否已充满试管。

实验记录：

实　　验	实验现象	结　　论
1-15		
1-16		
1-17		

讨论：

1. 铵盐的稳定性如何？应当怎样合理地储存和施用铵态氮肥？
2. 实验 1-17 中的试管为什么必须是干燥的？能用排水集气法收集氨吗？

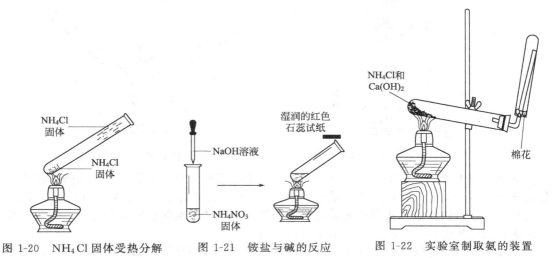

图 1-20　NH_4Cl 固体受热分解　　图 1-21　铵盐与碱的反应　　图 1-22　实验室制取氨的装置

在储存碳酸氢铵化肥时，应密封包装并放在阴凉通风处；施肥时，应将其埋在土下以保持肥效。

（2）**铵盐与碱的反应**　许多事实证明，铵盐与碱共热都能产生 NH_3，这是铵盐的共同性质。在实验室，可以利用这一性质检验铵根离子的存在和制备氨气。

$$NH_4NO_3 + NaOH \xrightarrow{\triangle} NaNO_3 + NH_3\uparrow + H_2O$$

$$2NH_4Cl + Ca(OH)_2 \xrightarrow{\triangle} CaCl_2 + 2NH_3\uparrow + 2H_2O$$

铵盐易溶于水，又能与碱反应并产生氨气，因此，铵态氮肥不能与碱性物质如草木灰

（K_2CO_3）等混合施用。

4．硝酸

动手操作

硝酸的性质

【实验1-18】取一瓶浓硝酸，打开瓶盖，小心地扇闻浓硝酸的气味。

【实验1-19】在两支试管中各放入一小块铜片，分别加入少量稀硝酸（$4mol \cdot L^{-1}$）和浓硝酸（$14mol \cdot L^{-1}$），立即用蘸有 NaOH 溶液的棉花封住试管口，观察试管中发生的现象。

实验记录：

实　验	实　验　现　象	结　论
1-18		
1-19		

讨论：

1．铜和稀硝酸反应的产物与铜和浓硝酸反应的产物是否相同？

2．浓硝酸为什么通常保存在棕色试剂瓶里？

纯硝酸是无色、易挥发、有刺激性气味的液体。市售浓硝酸的质量分数约为 65%～68%，质量分数大于 86% 的浓硝酸极易挥发，与空气中的水蒸气形成微小的硝酸雾滴而产生"发烟"现象，故称发烟硝酸。

硝酸是一种强酸，除了具有酸的通性以外，还有它本身的特性。

（1）不稳定性　硝酸不稳定，很容易分解。纯硝酸在常温下见光或受热易分解。

$$4HNO_3 =\!\!=\!\!= 2H_2O + 4NO_2\uparrow + O_2\uparrow$$

分解生成的 NO_2 溶于硝酸，使硝酸带有黄色。为了防止硝酸分解，硝酸应储于棕色瓶中，存放在黑暗且阴凉的地方。

（2）氧化性　硝酸具有强氧化性，能与除金、铂等少数金属外的几乎所有的金属发生氧化还原反应，浓硝酸还能与许多非金属及某些有机物发生氧化还原反应。在通常情况下，浓硝酸的主要还原产物为红棕色的 NO_2 气体，稀硝酸的主要还原产物为无色的 NO 气体。

$$Cu + 4HNO_3(浓) =\!\!=\!\!= Cu(NO_3)_2 + 2NO_2\uparrow + 2H_2O$$

$$3Cu + 8HNO_3(稀) =\!\!=\!\!= 3Cu(NO_3)_2 + 2NO\uparrow + 4H_2O$$

$$C + 4HNO_3(浓) =\!\!=\!\!= CO_2\uparrow + 4NO_2\uparrow + 2H_2O$$

浓硝酸和浓盐酸按体积比为 1：3 混合，即为"王水"，王水氧化能力更强，能使一些不溶于硝酸的金属，如金、铂等溶解。

常温下，浓硝酸可使铁、铝表面形成致密的氧化膜而钝化，保护内部的金属不再跟酸反应，所以，可以用铝质或铁质容器盛装浓硝酸。

三、人类活动对自然界氮循环和环境的影响

进入工业社会后，随着科学技术的进步和工农业生产的发展，人类开发和利用自然资源的规模越来越大，化石燃料的消耗剧烈增加，化学合成氮肥的数量迅速上升，豆科植物的栽种面积也在陆续扩大，人类的固氮活动使活化氮的数量大大增加。这虽然有助于农产品产量

的提高，但也会给全球生态环境带来压力，使与氮循环有关的温室效应、水体污染和酸雨等生态环境问题进一步加剧。

为了减少人类活动对自然界中氮循环和环境的影响，一方面应控制进入大气、陆地和海洋的有害物质的数量，另一方面应增强生态系统对有害物质的吸收能力。因此，应保护森林，植树造林，促进全球氮的良性循环。

四、磷及其化合物

磷和氮一样，是构成蛋白质的成分之一。动物的骨骼、牙齿和神经组织，植物的果实和幼芽，生物的细胞里都含有磷，磷对于维持生物体正常的生理机能起着重要的作用。磷被人们称为"生命元素"和"思维元素"。

1. 白磷和红磷

磷有多种同素异形体，常见的有白磷和红磷（又称为黄磷和赤磷），其性质见表1-2。

表 1-2　白磷与红磷的性质比较

项　目	白　磷	红　磷
颜色状态	蜡状固体	暗红色粉末状固体
毒性	剧毒	无毒
溶解性	不溶于水，易溶于 CS_2	不溶于水，也不溶于 CS_2
着火点	40℃	240℃
保存	密闭，少量保存在水中	常规
相互转化	白磷 $\xrightarrow[\text{加热到416℃升华后,冷却}]{\text{隔绝空气加热到260℃}}$ 红磷	

白磷和红磷在空气中完全燃烧后的产物都是五氧化二磷（P_2O_5）。

$$4P+5O_2 \xrightarrow{\text{点燃}} 2P_2O_5$$

 注意

磷单质在常温下化学活泼性比氮气强。白磷在空气中氧化，表面上聚集的热量使温度达40℃时，即可自燃。因此，白磷是易燃危险品，必须密闭保存（少量白磷可浸于水中），使用时注意安全，谨防着火和灼伤！

2. 五氧化二磷

五氧化二磷（P_2O_5）是白色粉末状固体，极易吸水，是一种强干燥剂。与水反应生成磷酸（H_3PO_4）。

3. 磷酸

纯净的磷酸为无色透明的晶体，易溶于水，能与水以任意比例混合。通常用的磷酸是无色黏稠状的浓溶液，其质量分数为83%～98%。磷酸是中强酸，具有酸的通性。

复习与讨论

1. 写出由 N_2 和 H_2 为原料合成氨的化学方程式。

2. 碘受热变成蒸气，碘蒸气遇冷变成碘，氯化铵受热分解生成的气体遇冷仍变成氯化铵，这两种现象本质上是否相同？为什么？

3. 硝酸和硫酸、盐酸的性质有何异同？怎样用实验的方法来鉴别这三种酸？

4. 用事实说明白磷和红磷是同素异形体。

知识窗　　　　　　**亚硝酸盐的用途及对人体的危害**

在氮的化合物中，有一类盐叫做亚硝酸盐，如亚硝酸钠（$NaNO_2$）、亚硝酸钾（KNO_2）等，它们可用于印染、漂白等行业，并广泛用作防锈剂，也是建筑业常用的一种混凝土掺加剂。

在一些食品如腊肉、香肠等中，常加入少量亚硝酸盐作为防腐剂和增色剂，不但能防腐，还能使肉的色泽鲜艳。但是，亚硝酸盐是一种潜在的致癌物质，过量或长期食用对人的身体会造成危害，所以，国家对食品中亚硝酸盐的含量有严格的限制。

长时间加热沸腾或反复加热沸腾的水，由于水分的蒸发，使水中的硝酸盐浓度增加，饮用后部分硝酸盐在人体内能被还原成亚硝酸盐，也会对人体造成危害。

亚硝酸钠是亚硝酸盐的一种，它是无色或浅黄色的晶体，有咸味。亚硝酸钠是一种工业用盐，由于它的外观类似食盐，曾多次发生过被误当食盐食用的事件。如果误食亚硝酸钠或食用含有过量亚硝酸钠的食物，会出现嘴唇、指甲、皮肤发紫，头晕、呕吐、腹泻等症状，严重时可致人死亡。另外，腐烂的蔬菜等中也含有亚硝酸钠，不能食用。

任务四　硅及其无机非金属材料

20 世纪 60 年代以来，随着集成电路的研制成功，电子工业得到了飞速的发展。在电子工业的发展中，硅起到了非常重要的作用。硅与我们的生活密切相关，除了电子产品的材料含硅外，建造房屋的水泥，窗户上的玻璃，日常使用的碗碟等，也都是由含硅的物质制造出来的。

想一想

你知道漂亮的玛瑙、水晶首饰的主要成分是什么吗？它有些什么性质？你对玻璃有哪些了解？

一、硅（Si）和二氧化硅（SiO_2）

硅在自然界中分布很广，在地壳中，它的含量达 27%，仅次于氧，居第二位。硅在自然界中只能以化合态存在，常见的化合物有二氧化硅和各种硅酸盐。常见的砂粒、玛瑙、水晶的主要成分都是二氧化硅。硅也是构成矿物和岩石的主要成分。

二氧化硅广泛存在于自然界中，与其他矿物共同构成了岩石。天然二氧化硅也叫硅石，是一种坚硬难溶的固体。表 1-3 列出了硅和二氧化硅主要性质和用途。

表 1-3　硅和二氧化硅主要性质和用途比较

物　　质	主要性质	用　　途
硅（Si）	晶体呈黑灰色，有金属光泽，硬度大，质脆，熔、沸点较高，加热时，研细的硅可以与氧气反应：$$Si + O_2 \xrightarrow{\triangle} SiO_2$$	硅可以用作半导体材料，合金可用于制造许多部件或设备
二氧化硅（SiO_2）	熔点高，硬度大，不溶于水，不与酸（除氢氟酸外）反应，可与碱性氧化物及强碱反应：$$SiO_2 + 2NaOH \xrightarrow{\quad} Na_2SiO_3（水玻璃）+ H_2O$$	制造玻璃，电子部件，光学仪器，建筑材料

水玻璃无色而黏稠，是一种矿物胶，是建筑行业经常使用的胶黏剂。由于玻璃的主要成

图 1-23 NaOH 溶液

分为 SiO_2，因此盛有 NaOH 溶液的玻璃瓶不能用玻璃塞，而用橡胶塞（如图 1-23），以免因长期存放 NaOH 与 SiO_2 作用生成黏性的 Na_2SiO_3 把玻璃塞与瓶口粘在一起。

二、无机非金属材料

材料是人类生活必不可少的物质基础，人类从制造出第一种材料——陶瓷开始，发展到今天，材料的品种越来越多，其中有一类非常重要的材料叫无机非金属材料。传统的无机非金属材料主要指硅酸盐材料。随着科学和生产技术的发展，以及人们生活的需要，一些具有特殊结构、特殊功能的新材料被相继研究出来，如半导体、超硬耐高温材料、发光材料等，我们称这些材料为新型无机非金属材料。

1. 硅酸盐材料

（1）水泥　水泥是非常重要的建筑材料，高楼大厦和各种建筑工程都离不开它。水泥具有水硬性，跟水掺和搅拌并经静置后很容易凝固变硬，由于水泥具有这一优良特性，所以它被用作建筑材料。水泥的应用见表 1-4。

表 1-4　水泥的应用

水泥制品	成　分	用　途
水泥砂浆	水泥、沙子和水的混合物	能将砖、石等物黏结起来
混凝土	水泥、沙子和碎石按比例混合	建造厂房、桥梁等大型建筑物
钢筋混凝土	使用混凝土时，用钢筋作骨架	建筑物更加坚固

（2）玻璃　玻璃是我们每天都可以见到的一种硅酸盐材料。普通玻璃的主要原料是纯碱（Na_2CO_3）、石灰石（$CaCO_3$）和硅石（SiO_2）。把原料按比例混合粉碎，经高温熔炼即可制成普通玻璃。它不是晶体，加热时没有固定的熔点。

在制造玻璃的过程中，如果加入某些金属氧化物，可以制成有色玻璃。例如，加入氧化钴（Co_2O_3）后，制成蓝色玻璃，加入二氧化锰（MnO_2）后，制成紫色玻璃。

把普通玻璃放入电炉中加热，使其软化，然后急速冷却，可得到钢化玻璃。玻璃还可以制成纤维，织成玻璃布或制成玻璃棉。

几种常见玻璃的特性和用途见表 1-5。

表 1-5　几种常见玻璃的特性和用途

种　类	特　性	用　途
钠玻璃（普通玻璃）	在较低温度下易软化	门窗玻璃、玻璃瓶、日常玻璃器皿
钾玻璃	比钠玻璃的软化温度高	化学玻璃仪器
石英玻璃	热膨胀系数小、耐骤冷骤热、耐酸碱、强度大、能透过紫外线	化学和医学上的特殊仪器、高压水银、紫外线灯壳等
铅玻璃（光学玻璃）	透光性能好，有折光和色散性	眼镜片、照相机、显微镜、望远镜、凹凸透镜光学仪器
玻璃纤维	耐腐蚀、不燃烧、不导电、不吸水、隔热、吸声、防虫蛀	宇航员的衣服、玻璃钢等
钢化玻璃	耐高温、耐腐蚀、强度大、质轻、抗震裂	运动器材，微波通信器材，汽车、火车窗玻璃

（3）陶瓷　陶瓷在我国有悠久的历史，在新石器时代祖先就开始制造陶器。把黏土、长石和石英研成粉末，按一定比例配料，加水调匀，塑成各种形状的坯。坯经烘干、煅烧后变成非常坚硬的物质，这就是我们常见的瓦、盆、罐等陶器制品。如以纯黏土（高岭土）代替一般黏土，在更高的温度下（1273K）煅烧得到素瓷，经上釉，再加热至1673K高温即得到瓷器。

陶瓷是我国劳动人民的伟大发明之一。陶瓷具有抗氧化、耐高温、绝缘、易成型等许多优点，因此，陶瓷制品一直为人们所喜爱。

（4）耐火材料　耐火材料是指在高温下能够经受气体、熔融炉渣、熔融金属等物质的腐蚀，并具有一定强度的材料。

耐火材料中，黏土砖、硅砖等能够经受1853～2043K的温度，而镁砖、石墨砖等能够经受2273K以上的高温。

2. 新型无机非金属材料

传统的无机非金属材料具有抗腐蚀、耐高温等许多优点，但也有质脆、经不起热冲击等弱点。新型无机非金属材料继承了传统材料的许多优点，并克服了某些弱点，具有更优越的特性：能承受高温，强度高；具有电学特性、光学特性和生物功能，几种无机非金属材料（见图1-24）。

(a) 钢化玻璃　　　　(b) 兵马俑是陶制品　　　(c) 新型陶瓷制成的　　　(d) 生活中的陶瓷
　　　　　　　　　　　　　　　　　　　　人造骨等

图 1-24　几种无机非金属材料

新型无机非金属材料的品种很多，这里主要介绍其中的两种高温结构陶瓷和光导纤维的特性和用途（见表1-6）。

表 1-6　高温结构陶瓷和光导纤维的特性和用途

种　类	特　性	用　途
高温结构陶瓷	耐高温，不怕氧化，耐酸、耐碱、耐腐蚀，硬度大，耐磨损，密度小	作高温结构材料，如坩埚、高温炉管、刚玉球磨机，制造轴承、气轮机叶片、机械密封环发动机部件
光导纤维	具有非常强的传导光的能力，抗干扰性能好，不发生辐射，耐腐蚀，质轻，易铺设	用作通信材料，还用于医疗，信息处理，传能传像，遥测遥控照明等

复习与讨论

1. 比较硅和二氧化硅的性质和用途。

2. 为什么实验室里盛放碱液的试剂瓶用橡皮塞而不用玻璃塞（玻璃中含有 SiO_2）？

3. 你接触和使用过哪些硅酸盐制品、材料及新型无机非金属材料？从你接触的一些材料看，新型无机非金属材料与传统硅酸盐材料相比，有什么特点？

4. 你认为玻璃的主要优点和缺点是什么？

🪟 **知识窗**

"有机硅橡胶" 制成的轮胎

在汽车时代到来的今天，如果不了解一些与汽车有关的常识就落伍了。如汽车轮胎，如果只知道它是由橡胶制造的，是远远不够的。

大家都知道，当汽车高速行驶时，轮胎与地面摩擦产生的热量会加速轮胎老化，那么，能不能找到一种新型材料，既有弹性，又耐磨、耐高温。人们发现，在橡胶中加一些硅进去，就可以延长轮胎的使用寿命。特别是一些有机硅橡胶，在冰天雪地之中（甚至低到－90℃），或在烈日酷晒之下（甚至高达350℃），都不老化，仍保持良好的弹性，它已成为制造汽车轮胎的新材料。

看来，硅这种古老元素的新传还将继续写下去。

大气污染及防治

环境是指周围事物的境况。大气、水、土地、矿藏、森林、草原、生物、名胜古迹、风景游览区、自然保护区、生活居住区等构成了人类生存的环境。

环境污染主要包括大气污染、水污染、土壤污染、食品污染。此外还包括固体废物、放射性、噪声等污染。

氮的氧化物、二氧化硫、二氧化碳是大气污染物的重要成分。

NO 和 NO_2 在空气里会形成黄色或褐色烟雾，有很大的毒性。NO 能与人体中的血红蛋白作用而引起中毒。NO_2 和 SO_2 能刺激人的呼吸器官，可导致呼吸道和肺部病变，引起气管炎、肺气肿等病症，浓度大时则会使人中毒死亡。NO_2 是光化学烟雾的引发剂之一。当日光照射 NO_2、O_2 和未燃烧完全的碳氢化合物时，它们能进行光化学反应，生成一系列致癌物质。这些物质达到一定浓度时，再与大气中的 SO_2 和水所形成的酸雾结合起来，形成危害很大的光化学烟雾，会使受害者突然晕倒，呼吸困难，眼、喉、腰部疼痛，还会促使人体衰老。

SO_2 和氮的氧化物还能伤害植物叶片，浓度高时会使植物枯死。大气中的 SO_2 在适当的条件下会缓慢氧化形成 SO_3，SO_3 和 NO_2 遇水则会形成硫酸和硝酸，这些强酸随雨、雪、雹、雾降落到地面，便形成酸雨、酸雪、酸雾等，统称酸雨。酸雨不仅使河湖水质酸化，毒害鱼类和水生生物，而且会使土壤酸化，危害森林和农作物生长，还会腐蚀建筑物、金属制品、名胜古迹等。

CO_2 是无毒气体，但大气中较高浓度的 CO_2 能形成温室效应，使地球表面的平均温度升高，造成全球气候变暖。这将对人类的生存环境和社会经济发生重大影响。例如，随着气温升高，巨大的冰川和地球南北极的冰雪将会部分融化，海平面上升，大陆上的洪水区域增大，而且还会影响降雨量和通常的气候条件，影响人类的耕种和生活。

除生产硫酸、硝酸的尾气含有 SO_2 和 NO、NO_2 外，大量的 SO_2、CO_2 及氮的氧化物来自煤、石油等燃料的燃烧，汽车的尾气。另外，粉尘、煤烟、碳氢化合物、氯氟烃等也是污染大气的有害物质。

1952 年 12 月 5～9 日，英国伦敦发生了前所未有的浓雾。这场人类有史以来第一次发生的严重的大气污染导致了 4000 余人死亡。家庭烧煤是引起这起惨祸的原因。

1930 年 12 月 1 日，比利时 Muse 溪谷发生了大气污染，导致了比平时多 10 倍的居民死亡。当时，这个地区持续低温和无风天气，炼钢厂、硫酸厂、炼锌厂、玻璃厂等工厂排放的 SO_2 等有害气体导致了很多急性呼吸道病患者。

大气污染会造成如此严重的后果，世界各国都采取措施保护大气。消除大气污染的主要方法是减少污染物的排放，如硫酸厂、冶炼厂、硝酸厂等的尾气在排放前应进行回收处理。改变燃料的结构、成分和燃烧条件，来抑制氮的氧化物的生成，并对城市机动车的排气加以限制。减少能大量产生 CO_2 的燃料的使用量，并大力植树造林，绿化环境来调节大气中 CO_2 的正常含量，调节气温，控制大气中高浓度 CO_2 形成的温室效应等。

单 元 小 结

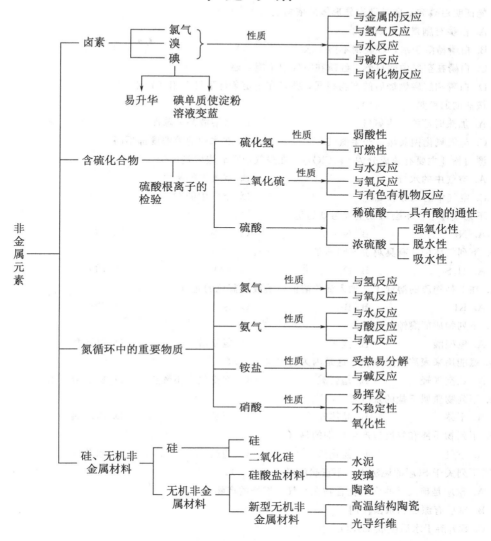

学 习 反 馈

一、选择题

1. 下列化合物中，氯的化合价为 +7 价的是（　　　）。

A. NaCl　　　　　　B. HClO　　　　　　C. HClO$_3$　　　　　　D. HClO$_4$

2. 下列物质的溶液能与 AgNO$_3$ 溶液反应，生成不溶于稀 HNO$_3$ 的白色沉淀的是（　　　）。

A. Na$_2$CO$_3$　　　　B. KClO$_3$　　　　C. KCl　　　　D. KBr

3. 氯气溶于水生成"氯水"，在常温下溶解于水中的一部分氯气能与水发生缓慢反应，生成（　　　）。

A. 氯化氢与氧气　　　　　　　　　　B. 盐酸和次氯酸

C. 氯化氢气体和次氯酸　　　　　　　D. 次氯酸与氧气

4. 下列酸可用铁制容器盛装的是（　　　）。

A. 浓 H$_2$SO$_4$　　　　B. 稀 H$_2$SO$_4$　　　　C. 稀盐酸　　　　D. 稀 HNO$_3$

5. 下列氮的氧化物中氮的化合价为 +5 价的是 (　　　)。
  A. NO_2 B. N_2O_4 C. N_2O D. N_2O_5

6. 能证明白磷和红磷是同素异形体的依据是 (　　　)。
  A. 白磷有剧毒，红磷无毒
  B. 白磷易溶于水，红磷则不溶于水
  C. 白磷在空气中能自燃，红磷在空气中不能自燃
  D. 白磷和红磷燃烧后的产物相同，并且在一定条件下可以相互转化

7. 铵盐的通性是 (　　　)。
  A. 加热时都能产生氨气   B. 水溶液都呈碱性
  C. 与氢氧化钠共热，产生氨气   D. 在水中的溶解度都不高

8. 漂白粉［主要有效成分为 $Ca(ClO)_2$］在空气中存放失效是由于 (　　　)。
  A. 空气中的水分   B. 空气中的灰尘
  C. 空气中的水分和 CO_2 D. 空气中的 O_2

9. 下列气体中，不会造成空气污染的是 (　　　)。
  A. N_2 B. NO C. NO_2 D. CO

10. 下列气体中，有臭鸡蛋气味的是 (　　　)。
  A. H_2S B. O_2 C. NO_2 D. CO

11. 在下列物质的溶液中，加入淀粉溶液，溶液变蓝色的是 (　　　)。
  A. KI B. Br_2 C. I_2 D. Cl_2

12. 下列物质能腐蚀玻璃的是 (　　　)。
  A. 氢碘酸   B. 盐酸   C. 氢氟酸   D. 氢溴酸

13. 氨能用来表演喷泉实验，这是因为它 (　　　)。
  A. 比空气轻   B. 是弱碱   C. 在空气中不燃烧   D. 极易溶于水

14. 下列物质属于盐的是 (　　　)。
  A. 干冰   B. 晶体硅   C. 石英   D. 水玻璃

15. 下列物质能和氨反应产生白烟的是 (　　　)。
  A. 空气   B. 氯化氢   C. 硫酸   D. 水蒸气

16. 下列关于 SO_2 的说法中，不正确的是 (　　　)。
  A. SO_2 是硫及某些含硫化合物在空气中燃烧的产物
  B. SO_2 有漂白和杀菌作用
  C. SO_2 溶于水后生成 H_2SO_4
  D. SO_2 是一种大气污染物

二、判断题

1. 卤素与活泼金属反应形成的卤化物都是盐。 (　　)
2. 实验室制氯气用排水取气法收集。 (　　)
3. 氯化氢就是盐酸。 (　　)
4. 干燥的氯气才有漂白作用。 (　　)
5. 用水稀释浓硫酸时，为防止硫酸飞溅伤人，必须将浓硫酸缓缓注入水中，且不断搅拌。 (　　)
6. 浓硫酸具有一切酸的通性，它与活泼金属反应也能生成氢气。 (　　)
7. 氯化铵受热分解生成的气体遇冷仍变成氯化铵，所以氯化铵和碘都具有升华的特征。 (　　)
8. 氨的水溶液呈碱性。 (　　)
9. 可以用浓硫酸干燥氢气、氧气、氯化氢、二氧化碳等气体，是因为浓硫酸具有脱水性。 (　　)
10. 液氨与氨水是同一物质。 (　　)
11. 硝酸能与一般金属反应，并放出氢气。 (　　)

12. $SiO_2 + H_2O \Longrightarrow H_2SiO_3$。　　　　　　　　　　　　　　　　　　　（　　）
13. 磷酸是一种中等强度的三元酸。　　　　　　　　　　　　　　　　　　　　　（　　）

三、填空题

1. 卤素包括_____、_____、_____、_____、_____五种元素。
2. 卤素单质的氧化能力按 $F_2 \rightarrow Cl_2 \rightarrow Br_2 \rightarrow I_2$ 的次序逐渐_____。
3. 湿润的有色布条能在氯气中褪色，主要是_____的缘故。
4. 氯气是_____色、有_____气味_____毒的气体。
5. 硫化氢是一种_____色、有_____气味的气体，是一种大气污染物。硫化氢在充足的空气中燃烧，生成_____；在空气不足时燃烧，生成_____；在空气中能将银、镍等很稳定的金属_____。
6. 浓硫酸具有很强的_____性、_____性和_____性。浓硫酸使纸张变黑，是由于浓硫酸的_____性；浓硫酸能够用于干燥某些气体，是由于它具有_____性；浓硫酸可以与铜反应，是由于它具有_____性。
7. 磷有多种同素异形体，其中常见的是_____和_____。_____有剧毒，在空气中能自燃，_____无毒。
8. 氨的水溶液称为_____，常温下 1 体积水中大约可溶解_____体积的氨。
9. 王水是由_____和_____按体积比_____混合后得到的氧化性很强的混合酸。
10. HNO_3 极不稳定，容易分解，故必须用_____瓶盛装，_____保存。
11. 常见的砂粒、玛瑙、水晶的主要成分都是_____。

四、完成下列反应

1. $Cl_2 + NaOH \longrightarrow$
2. $Cl_2 + H_2O \longrightarrow$
3. $Cu + H_2SO_4（浓）\longrightarrow$
4. $NH_4Cl + Ca(OH)_2 \longrightarrow$
5. $SiO_2 + NaOH \longrightarrow$

五、完成下列转化反应的化学方程式

1. $N_2 \longrightarrow NH_3 \longrightarrow NO \longrightarrow NO_2 \longrightarrow HNO_3 \longrightarrow NH_4NO_3$
2. $S \longrightarrow SO_2 \longrightarrow SO_3 \longrightarrow H_2SO_4 \longrightarrow (NH_4)_2SO_4$

单元二　金属元素及其化合物

任务目标

1. 了解金属物理性质、化学性质的共性。
2. 认识钠、钾、铝、铁、铜及其化合物的性质及用途。

> **想一想**
>
> 你知道生产、生活中哪些方面需要应用金属材料吗？这些金属材料主要由什么金属元素组成的？它们又有什么性质呢？

在人类社会的发展过程中，金属一直起着非常重要的作用。金属材料对于促进生产发展，改善人类生活，发挥了巨大的作用。在人们已发现的元素中，大约有 4/5 为金属元素。金属的通性见表 2-1。

表 2-1　金属的通性

金属的共性		表现形式	说明
物理性质	金属光泽	除金、铜、铋等少数金属具有特殊颜色外，其余金属均为银白色或灰色	当金属以粉末状态存在时，呈黑色或灰暗色（镁、铝除外）
	延展性	可以被锻打成型，压成薄片或抽成细丝等，金的延展性最好	锑、铋、锰的延展性很差，敲打时易破碎成小块
	导电导热性	都是电和热的良导体。排在前四位的是银、铜、金、铝	铜和铝常被用作输电线
化学性质	主要表现在容易失去最外层的电子变成阳离子，表现出较强的还原性。金属的还原性主要表现在金属能与氧气或其他非金属、水、酸、盐发生反应		

任务一　认识钠和钾及其常见化合物

锂（Li）、钠（Na）、钾（K）、铷（Rb）、铯（Cs）、钫（Fr）六种金属元素，由于它们的氧化物的水化物都是可溶于水的强碱，因此，统称为碱金属。它们都是非常活泼的金属，在自然界中只能以化合态形式存在。这里主要介绍钠及其重要的化合物。

> **想一想**
>
> 钠、钾等碱金属着火常用干沙土覆盖，不能用水或泡沫灭火器来灭火？为什么？

动手操作

钠的性质

【实验2-1】用镊子取一块金属钠，用滤纸吸干其表面的煤油后，用小刀切去一端外皮（如图2-1）观察钠的颜色。

【实验2-2】取绿豆大小的一块钠，放入盛有水的烧杯中，滴入2滴酚酞溶液，观察实验现象。

实验记录：

实　验	实　验　现　象	结　论
2-1		
2-2		

讨论：

1. 新切开的钠的表面迅速变色说明了什么？

2. 钠浮在水面上说明了什么？

3. 往水溶液中滴入几滴酚酞溶液，溶液变红，说明什么问题？钠与水反应到底生成了什么物质？

图 2-1　金属钠的切割

一、钠和钾

1. 钠、钾的物理性质

从实验可知，金属钠、钾很软，用小刀都可以切割，从新切开的表面可以看到钠、钾都具有银白色的金属光泽。钠、钾浮在水面上说明其密度比水小。

2. 钠、钾的化学性质

钠、钾的化学性质基本相同，而钾的反应比钠更剧烈一些。

（1）与氧气的反应　新切开的金属钠、钾光亮的表面很快变暗。这是因为金属钠、钾与空气中的氧气发生反应，生成一层氧化物所致。钠、钾在空气中燃烧，主要生成超氧化物（KO_2）、过氧化物（Na_2O_2）。

$$4Na + O_2 = 2Na_2O$$

$$2Na + O_2 \xrightarrow{\text{点燃}} Na_2O_2$$

$$K + O_2 \xrightarrow{\text{点燃}} KO_2$$

钠除了能与氧气发生反应外，还能与其他非金属如氯气、硫等直接化合。

（2）与水的反应　钠与水反应剧烈，生成氢气和氢氧化钠。钾更加剧烈。

$$2Na+2H_2O \Longrightarrow 2NaOH+H_2\uparrow$$
$$2K+2H_2O \Longrightarrow 2KOH+H_2\uparrow$$

 注意

钠、钾很容易跟空气中的氧气和水起反应，因此，实验室里通常将钠、钾保存在煤油中。在使用钠、钾时，要佩戴防护眼镜。遇其着火时，常用干沙土覆盖，绝不能用水！因为钠、钾与水产生可燃性的氢气，危害性更大，也不能用干冰灭火器，因为钠、钾会在二氧化碳中继续燃烧。

$$2Na+CO_2 \xrightarrow{\text{点燃}} Na_2O_2+C$$

3. 钠、钾的用途

钠、钾的用途非常广泛。钠和钾合金（钠的质量分数为 20%～50%），在常温下为液体，是原子反应堆的导热剂。钠、钾作强还原剂，将钛、锆、铌、钽等金属从它们的熔融卤化物中还原出来；作有机合成中的还原剂。钠可制造高钠灯，发出的黄光透雾能力强，亮度比高压水银灯高几倍。钾对维持体内渗透压的平衡很重要，钾是细胞内液的主要阳离子，体内 98% 的钾存在于细胞内。心肌和神经肌肉都需要有相对恒定的钾离子浓度来维持正常的应激性。钾能帮助植物合成碳水化合物，还帮助植物吸收氮，形成蛋白质。

二、钠、钾的常见化合物

1. 过氧化钠（Na_2O_2）

动手操作

【实验 2-3】把水滴入盛有 Na_2O_2 固体的试管中，立即把带火星的木条放在试管口，检验生成的气体（如图 2-2）。

【实验 2-4】用脱脂棉包住约 0.2g Na_2O_2 粉末，放在石棉网上。在脱脂棉上滴加几滴水（如图 2-3）。观察实验现象。

实验记录：

实 验	实 验 现 象	结 论
2-3		
2-4		

讨论：

1. 实验 2-3 中带火星的木条复燃，说明有什么气体生成？

2. 实验 2-4 中为什么脱脂棉会燃烧？

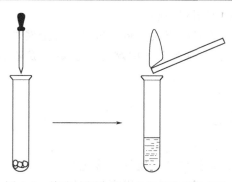

图 2-2 检验过氧化钠与水反应放出的气体

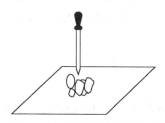

图 2-3 过氧化钠与水的反应

Na_2O_2 与水反应是一个放热反应，反应放出的热能使脱脂棉燃烧，而反应中生成的氧气又使脱脂棉的燃烧加剧。

$$2Na_2O_2 + 2H_2O \Longrightarrow 4NaOH + O_2 \uparrow$$

过氧化钠、超氧化钾能与二氧化碳反应生成氧气：

$$2Na_2O_2 + 2CO_2 \Longrightarrow 2Na_2CO_3 + O_2$$

$$4KO_2 + 2CO_2 \Longrightarrow 2K_2CO_3 + 3O_2$$

因此，Na_2O_2 可以用于防毒面具和潜水或飞行员的供氧剂。KO_2 常用于急救器中以备供氧。

2. 碳酸钠（Na_2CO_3）和碳酸氢钠（$NaHCO_3$）

动手操作

Na_2CO_3 和 $NaHCO_3$ 的性质

【实验 2-5】 在两支试管中分别加入 3mL 稀盐酸，将两个各装有 0.3g Na_2CO_3 和 $NaHCO_3$ 粉末的小气球分别套在两支试管口。将气球内的粉末同时倒入试管中（如图 2-4），观察反应现象。

【实验 2-6】 把 Na_2CO_3 放在试管里，约占试管容积的 1/6，往另一支试管里倒入澄清的石灰水，然后加热，观察澄清的石灰水是否起变化。换上一支同样容积 $NaHCO_3$ 的试管，加热（如图 2-5），观察澄清的石灰水的变化。

实验记录：

实 验	实 验 现 象	结 论
2-5		
2-6		

讨论：
如何鉴别 Na_2CO_3、$NaHCO_3$ 和 NaCl？

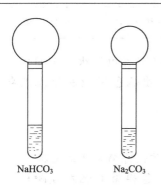

图 2-4 Na_2CO_3、$NaHCO_3$ 与稀盐酸的反应

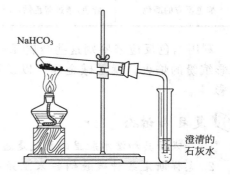

图 2-5 $NaHCO_3$ 受热分解实验

碳酸钠和碳酸氢钠都能与盐酸反应放出二氧化碳。从实验我们可以看到，$NaHCO_3$ 与盐酸的反应比 Na_2CO_3 与盐酸的反应剧烈得多。

$$Na_2CO_3 + 2HCl \Longrightarrow 2NaCl + H_2O + CO_2 \uparrow$$

$$NaHCO_3 + HCl \Longrightarrow NaCl + H_2O + CO_2 \uparrow$$

从实验可以看到，Na_2CO_3 受热没有变化，而 $NaHCO_3$ 受热后放出了 CO_2。

$$2NaHCO_3 \xrightarrow{\triangle} Na_2CO_3 + H_2O + CO_2 \uparrow$$

可以利用这个反应来鉴别 Na_2CO_3 和 $NaHCO_3$。

Na_2CO_3 和 $NaHCO_3$ 性质比较见表 2-2。

表 2-2 Na_2CO_3 和 $NaHCO_3$ 性质比较

名称	碳酸钠	碳酸氢钠
俗名	苏打、纯碱	小苏打
物理性质	白色粉末(无水 Na_2CO_3)或无色晶体($Na_2CO_3 \cdot 10H_2O$)	细小的晶体,不含结晶水,20℃以上时,溶解度比碳酸钠小
热稳定性	无水 Na_2CO_3 稳定,晶体易失去结晶水而风化	加热至140℃以上就开始分解,生成碳酸钠、二氧化碳和水
与酸反应	均放出二氧化碳	

3. Na_2CO_3 和 $NaHCO_3$ 的用途

Na_2CO_3 是化学工业的重要产品之一,有很多用途。它广泛应用于玻璃、肥皂、造纸、纺织等工业中,也可以用来制造其他钠的化合物。$NaHCO_3$ 是制造糕点所用的发酵粉的主要成分,在医疗上可用于治疗胃酸过多。

三、焰色反应

金属或它们的化合物在灼烧时能使火焰呈现出特殊的颜色的现象,叫做焰色反应。常见金属或金属离子焰色反应的颜色(见表 2-3)。

表 2-3 常见金属或金属离子焰色反应的颜色

金属或金属离子	钾	钠	钙	锂	锶	钡	铷	铜
焰色反应的颜色	紫色(透过蓝色钴玻璃)	黄色	砖红色	紫红色	洋红色	黄绿色	紫色	绿色

利用焰色反应来鉴别这些金属元素的存在,也可以制造各色焰火。节日晚上燃放的五彩缤纷的焰火,就是碱金属,以及锶、钡等金属化合物焰色反应所呈现的各种鲜艳色彩。

复习与讨论

1. 呼吸面具和潜水艇里的氧气是怎样提供的?什么物质使得焰火这么美丽?

2. 怎样断定某种碳酸钠粉末里是否含有碳酸氢钠?怎样除去混在碳酸钠里的碳酸氢钠?

知识窗　　K^+、Na^+、Cl^- 在人体内的作用

K^+、Na^+、Cl^- 在人体内的作用是错综复杂而又相互联系的。K^+、Na^+ 常以氯化钠、氯化钾的形式存在。它们的首要作用是控制细胞、组织液和血液内的电解质平衡,这种平衡对保持体液的正常流通和控制体内的酸碱平衡都是必需的。K^+、Na^+(与 Ca^{2+} 和 Mg^{2+} 一起)有助于使神经和肌肉保持适当的应激水平。

通常运动员在训练或比赛前后，要喝特别配制的饮料？这是因为运动量大，特别是天气炎热时，会引起大量出汗。汗的主要成分是水，还有许多离子，其中有 K^+、Na^+、Cl^-，使汗带盐分。出汗太多使体内这些离子浓度大为降低，会出现不平衡，使肌肉和神经反应受到影响，导致出现恶心、呕吐、衰竭和肌肉痉挛。因此，运动员在训练或比赛前后，喝特别配制的饮料，用以补充失去的盐分（如图 2-6）。

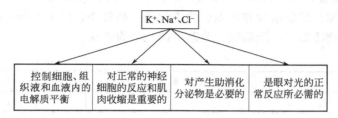

图 2-6　体内钠离子、钾离子和氯离子的功能

钾能帮助植物合成碳水化合物，还帮助植物吸收氮，形成蛋白质。

任务二　认识铝金属材料

想一想

铝在日常生活中有哪些应用？刚玉、蓝宝石、红宝石的主要成分是什么？

一、铝

铝是地壳中含量最丰富的金属元素，约占地壳总质量的 7.7%，仅次于氧和硅，排在第三位。铝是比较活泼的金属，在自然界中只能以化合态形式存在于各种岩石和矿石中，如黏土、高岭土、云母、长石、明矾矿等。

1. 铝的物理性质

铝是白色的轻金属，较软，具有良好的延展性和导电性。

2. 铝的化学性质

动手操作

【实验 2-7】 用试管夹夹住一块铝箔，放在酒精灯上点燃（如图 2-7），观察实验现象。

铝的化学性质比较活泼，它既能与非金属、酸等发生反应，也能够与强碱溶液发生反应，是一种两性金属。

（1）与氧气反应　常温下，铝与空气中的氧气发生反应，在其表面生成一层致密的氧化物保护膜，致使内层金属不再进一步参加反应，所以金属铝在空气和水中具有良好的抗腐蚀性。铝粉在高温下加热，也能够燃烧，发出耀眼的白光，并放出大量的热。

$$4Al+3O_2 \xrightarrow{\text{点燃}} 2Al_2O_3$$

（2）与金属氧化物反应　将铝粉与金属氧化物的粉末混合，在较高的温度下，发生剧烈的置换反应。

图 2-7　加热铝箔

动手操作

【实验2-8】用两张圆形滤纸分别折叠成漏斗状，套在一起，使四周都有四层。把内层纸漏斗取出，在底部剪一个孔，用水湿润，再与另一纸漏斗套在一起，架在铁圈上（如图2-8），下面放置盛沙的蒸发皿。把5g炒干的氧化铁粉末和2g铝粉混合均匀，放在漏斗中，上面加少量氯酸钾并在混合物中间插一根镁条，用小木条点燃镁条，观察实验现象。待熔融物冷却后，用磁铁检验落下的是否为铁珠。

实验记录：

实 验	实验现象	结 论
2-8		

讨论：

这个反应原理在生产上、工业上有什么应用？

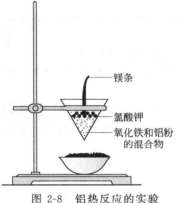

图 2-8 铝热反应的实验

铝跟氧化铁的反应为：

$$2Al + Fe_2O_3 \xrightarrow{\text{高温}} 2Fe + Al_2O_3$$

铝粉与金属氧化物（氧化铁 Fe_2O_3、五氧化二钒 V_2O_5、三氧化二铬 Cr_2O_3、二氧化锰 MnO_2）的混合物称为铝热剂。它们之间的反应称为铝热反应。利用铝热反应可以冶炼难熔的金属铁、铬、锰。由于铝热反应中放出大量的热使金属熔化，所以其可用于野外焊接金属。例如野外焊接铁轨时，可以将铝粉与氧化铁粉末和铁钉屑混合于漏斗状容器内，以镁条作为引发剂，点燃镁条，发生剧烈反应，熔化了的铁沿漏斗进入焊缝即可。在冶金工业上常用这一原理，冶炼钒、锰、铬等。

（3）与酸、碱反应 铝是两性金属，既能与酸反应生成盐，又能与碱反应生成偏铝酸盐，并都有氢气放出。

$$2Al + 6HCl == 2AlCl_3 + 3H_2 \uparrow$$
$$2Al + 2NaOH + 2H_2O == 2NaAlO_2 + 3H_2 \uparrow$$

动手操作

【实验2-9】在 A、B 两支试管里分别加入 5mL 2mol·L^{-1} 的盐酸和浓 NaOH 溶液。再往这两试管里各放入一小段铝片（如图2-9、图2-10），并用带火星的木条放在两试管口，观察实验现象。

实验记录：

实 验	实验现象	结 论
试管 A		
试管 B		

讨论：

写出这两个化学反应式。

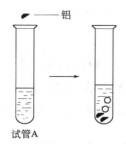

图 2-9　铝与盐酸反应

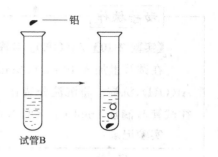

图 2-10　铝与 NaOH 溶液的反应

由于酸、碱、盐等可直接腐蚀铝制品，铝制餐具不宜用来蒸煮或长时间存放具有酸性、碱性或咸味的食物。但是，冷的浓硝酸或浓硫酸能使铝的表面生成致密的氧化物保护膜，保护了内层铝不再被氧化。利用铝的这种钝化现象，可以用铝制容器储存和运输浓硝酸或浓硫酸。

（4）铝的用途　铝可制作高压输电线，制成铝箔作为包装材料，制作炊具（如图 2-11），制成银白色的防锈涂料，还可以作为航天材料（如图 2-12）。此外，铝常用于制造合金。铝具有吸音性能，音响效果也较好，所以广播室、现代化大型建筑室内的天花板等也采用铝。

图 2-11　高压锅是铝合金制品

图 2-12　硬铝常用于制造飞机外壳

二、铝的化合物

1. 氧化铝（Al_2O_3）

氧化铝不溶于水，而且熔点高，难以熔化。新制得的氧化铝粉末具有较强的化学活泼性，是一种两性氧化物，既能溶于酸生成铝盐，又能溶于碱生成偏铝酸盐。

$$Al_2O_3 + 3H_2SO_4 \longrightarrow Al_2(SO_4)_3 + 3H_2O$$

$$Al_2O_3 + 2NaOH \longrightarrow 2NaAlO_2 + H_2O$$

较纯净的氧化铝的晶体称为刚玉，其硬度很高，仅次于金刚石。刚玉主要用于制造砂轮、砂纸和研磨石，用于加工光学仪器和某些金属制品。天然刚玉在形成时如果含有微量的铁和钛的氧化物，呈蓝色，俗称蓝宝石；如果含有微量铬的氧化物，呈红色，俗称红宝石。

2. 氢氧化铝

氢氧化铝是白色不溶于水的胶状物质，是两性氢氧化物，既能溶于酸得到铝盐，又能溶于碱得到偏铝酸盐。在实验室可用铝盐溶液和氨水反应制取氢氧化铝。

动手操作

【**实验 2-10**】$Al(OH)_3$ 与稀盐酸和 NaOH 的反应。

在试管里加入 10mL 0.5mol·L^{-1} 的 $Al_2(SO_4)_3$ 溶液，滴加氨水，生成白色胶状 $Al(OH)_3$ 沉淀。将沉淀分装在 A、B 两支试管里，往试管 A 滴加 2mol·L^{-1} 的盐酸，往试管 B 滴加 2mol·L^{-1} 的 NaOH 溶液（如图 2-13）。边滴边振荡，观察实验现象。

实验记录：

实　　验	实 验 现 象	结　　论
试管 A		
试管 B		

讨论：

写出这两个化学反应式。

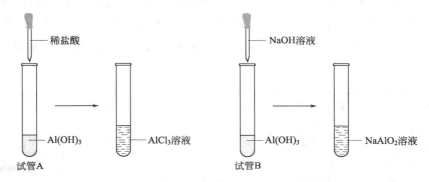

图 2-13　$Al(OH)_3$ 与稀盐酸和 NaOH 的反应

上述三个反应的化学方程式为：

$$Al_2(SO_4)_3 + 6NH_3·H_2O == 2Al(OH)_3\downarrow + 3(NH_4)_2SO_4$$
$$Al(OH)_3 + 3HCl == AlCl_3 + 3H_2O$$
$$Al(OH)_3 + NaOH == NaAlO_2 + 2H_2O$$

氢氧化铝是胃药——胃舒平的主要成分，用于治疗胃溃疡和胃酸过多。

3. 明矾

明矾（如图 2-14）的组成可以表示为 $KAl(SO_4)_2·12H_2O$，化学名称为十二水合硫酸铝钾，它是由两种不同的金属离子和一种酸根离子组成的盐，称为复盐。复盐在水溶液中电离出两种阳离子和一种阴离子。

$$KAl(SO_4)_2 == K^+ + Al^{3+} + 2SO_4^{2-}$$

图 2-14　明矾

明矾可用于制取其他铝的化合物，利用其水解生成氢氧化铝胶状物质具有强烈的吸附性，明矾常作为净水剂。在印染、制革和造纸等工业上，明矾也是一种常用的重要原料。

复习与讨论

1. 铝是活泼金属，为什么它不容易被腐蚀？

2. 家庭用的铝锅为什么不宜用碱液洗涤？为什么不宜用来蒸煮显酸性的食物？

3. 明矾为什么可以做净水剂？

4. 铝有哪些用途？上网或从资料中查找，除了教材介绍的用途外还有哪些？

任务三　认识钙、镁的性质

想一想

根据金属钠的性质，试想在常温下钙、镁能否与氧气反应？加热钙、镁能否与氧气发生燃烧反应？

一、钙和镁

1. 钙和镁的物理性质

钙和镁都是银白色的轻金属，它们的密度、硬度和熔点均比相应的碱金属要高。

2. 钙和镁的化学性质

（1）与氧气反应　钙的性质和钠的性质相似，与金属钠一样保存在煤油中。镁由于表面生成一层致密的氧化物保护膜，保护内层镁不再被氧化。因此，金属镁可以直接存放在空气中。镁在空气中加热时，剧烈燃烧，生成白色粉末状的氧化镁，同时发出耀眼的白光。

$$2Mg+O_2 \xrightarrow{\text{燃烧}} 2MgO$$

这是由于煤燃烧时放出大量的热，是氧化镁的微粒灼热并达到白炽状态，故能发出强光。利用这个性质可用镁制造烟火、照明弹等。

（2）与水反应　钙与冷水能迅速反应。镁在冷水中反应非常缓慢，只有在沸水中，才能较显著地反应。

$$Ca+2H_2O == Ca(OH)_2+H_2\uparrow$$

$$Mg+2H_2O(沸) == Mg(OH)_2+H_2\uparrow$$

（3）制法及用途　钙和镁都是采用电解熔融氯化物的方法制得的。

钙和镁主要用于制造合金，也是常用的还原剂。

3. 合金

合金是由两种或两种以上的金属（或金属跟非金属）熔合而成的具有金属特性的物质，但一般来说，合金的性质并不是各成分金属性质的总和。合金具有许多良好的物理、化学或机械性能，在许多方面优于各成分金属。例如，合金的硬度一般比它的各成分金属大，多数合金的熔点比它的各成分金属低。镁和钙合金组成及用途见表 2-4。

表 2-4　镁和钙合金组成及用途

镁的合金		钙的合金
镁铝合金(10%～30%)	含镁、铝、铜、锰等的合金	含钙1%的铅合金
强度和硬度都比纯铝和纯镁大,稳定性好	密度小,韧性和硬度大。主要用于制造火箭、飞机、轮船及高级汽车	用于制造轴承

镁还有一个极其重要的作用：它存在于叶绿素中，能储存太阳能。光合作用的形式：

$$二氧化碳+水 \xrightarrow[\text{光能}]{\text{叶绿素}} 有机物（糖、淀粉）+氧气$$

光合作用的产物为人和动物提供了营养物质和氧气，叶绿素是完成该过程的关键，而镁正是叶绿素的成分之一。可以说，没有叶绿素就没有生命，而没有镁就不存在叶绿素。

二、硬水和软水

水是我们每天生活都不可缺少的物质。水分软水和硬水，这里的软、硬是指水中含的杂质数量的多少。通常将含有较多量的 Mg^{2+}、Ca^{2+} 的水称硬水；不含或含少量 Mg^{2+}、Ca^{2+} 的水叫软水。表示硬水中含有可溶性钙盐和镁盐多少叫硬度。1 个硬度相当于在 1L 水中含有 10mg 的 CaO。硬度小于 8 度叫软水，硬度在 8～16 度叫中度硬水，16～28 之间的叫硬水。天然水与空气、岩石和土壤等长期接触，溶解了许多杂质，其中不乏 Mg^{2+}、Ca^{2+} 等阳离子和 HCO_3^-、CO_3^{2-}、Cl^-、SO_4^{2-}、NO_3^- 等阴离子。根据水中阴离子的种类不同将硬水分为暂时硬水和永久硬水。

Mg^{2+}、Ca^{2+} 主要以酸式碳酸盐形式存在的硬水称为暂时硬水。水中含有较多量 HCO_3^-，暂时硬水中的酸式碳酸盐在加热煮沸时易分解，生成碳酸盐沉淀，从而使水中的 Mg^{2+}、Ca^{2+} 含量降低。

$$Ca(HCO_3)_2 \xrightarrow{\triangle} CaCO_3 \downarrow + H_2O + CO_2 \uparrow$$

$$Mg(HCO_3)_2 \xrightarrow{\triangle} MgCO_3 \downarrow + H_2O + CO_2 \uparrow$$

$MgCO_3$ 在加热时，还可以进一步反应，生成更难溶的氢氧化镁 $Mg(OH)_2$。因此，我们说，水垢的主要成分是 $CaCO_3$ 和 $Mg(OH)_2$。

Mg^{2+}、Ca^{2+} 主要以硫酸盐或氯化物形式存在的硬水称为永久硬水。永久硬水在加热煮沸时不能使水中的 Mg^{2+}、Ca^{2+} 含量降低。

1. 硬水的危害

硬水对生产和生活都有危害，危害可以分为两类。

一类是形成水垢。烧水壶和暖壶里会产生水垢，长期饮用对人体健康会造成危害。另一类是引入杂质。用硬水洗涤衣物，会形成不溶性沉淀，既浪费肥皂，又会对衣物造成污染。工业上使用硬水，会对产品质量有很大的影响。

2. 硬水的软化

将 Mg^{2+}、Ca^{2+} 从水中除去的过程叫硬水的软化。暂时硬水通过加热煮沸就可软化，永久硬水的软化方法很多，常用的有两种，即石灰-纯碱法和离子交换法。

（1）石灰-纯碱法 在水中先加入适量的石灰乳，充分反应后再加入适量的纯碱溶液，可以使水中的 Mg^{2+}、Ca^{2+} 转化为难溶物，在水中沉淀而被除去，达到软化水的目的。

加入石灰乳可除去暂时硬水和其他形式的 Mg^{2+}。

$$Ca(HCO_3)_2 + Ca(OH)_2 == 2CaCO_3 \downarrow + 2H_2O$$

$$Mg(HCO_3)_2 + 2Ca(OH)_2 == 2CaCO_3 \downarrow + Mg(OH)_2 \downarrow + 2H_2O$$

$$MgSO_4 + Ca(OH)_2 == Mg(OH)_2 \downarrow + CaSO_4$$

然后加入适量的纯碱溶液，除去剩余的 Ca^{2+}。

$$CaSO_4 + Na_2CO_3 == CaCO_3 \downarrow + Na_2SO_4$$

$$Ca(OH)_2 + Na_2CO_3 \xlongequal{\quad} CaCO_3\downarrow + 2NaOH$$

石灰-纯碱法操作过程繁杂，工作效率及软化效果比较差，但成本低。在一般工业生产中采用此法软化水或作为要求高的软化水的预软化。

（2）离子交换法　离子交换法是借助离子交换剂来软化水的一种现代的方法。

离子交换剂包括天然或人造石、磺化煤和离子交换树脂等物质。

在工业上常用磺化煤（NaR）做离子交换剂。当自来水通过离子交换剂时，水中的 Mg^{2+}、Ca^{2+} 将离子交换剂上的 Na^+ 置换出来，而自身被吸附到离子交换剂上，达到减少水中 Mg^{2+}、Ca^{2+} 含量的目的，使水软化。

$$2R{-}Na + Mg^{2+} \xlongequal{\quad} R_2{-}Mg + 2Na^+$$
$$2R{-}Na + Ca^{2+} \xlongequal{\quad} R_2{-}Ca + 2Na^+$$

磺化煤使用一段时间后，表面积聚了许多的 Mg^{2+}、Ca^{2+}，交换效率降低，此时必须"再生"。再生时可以用 $8\% \sim 10\%$ 的 NaCl 溶液浸泡，使表面的 Mg^{2+}、Ca^{2+} 被 Na^+ 置换下来，磺化煤的软化能力得到恢复。

$$R_2{-}Mg + 2Na^+ \xlongequal{\quad} 2R{-}Na + Mg^{2+}$$
$$R_2{-}Ca + 2Na^+ \xlongequal{\quad} 2R{-}Na + Ca^{2+}$$

在制药工业及某些科研上，同时用阳、阴离子交换树脂处理硬水，可以除去水中所有的离子，这样的水称去离子水。

阳、阴离子交换树脂的再生可分别使用酸、碱溶液处理。

任务四　了解铁和铜

想一想

你的生活中哪些地方用到了铁、铜，你对铁、铜的性质和用途有哪些认识？

一、铁

铁在地壳中的含量排在第四位，是一种历史悠久应用最广泛且用量最大的金属。

1. 铁的物理性质

纯净的铁具有银白色金属光泽，具有良好的延展性、导电性和导热性。纯净的铁的抗腐蚀能力较强，但通常使用的铁，由于含有碳及其他元素，使其抗腐蚀能力降低，在潮湿的空气中容易生锈。铁能够被磁铁吸引，在磁场的作用下，铁也能够产生磁性。

2. 铁的化学性质

铁是比较活泼的金属，它能够与许多物质发生化学反应。例如，它能够与氧气等非金属单质反应，能够与水、酸、盐等溶液反应。

（1）铁与非金属反应　铁丝在纯氧中可以剧烈燃烧，生成四氧化三铁。在加热的条件下还能与硫、氯气等反应。

$$3Fe + 2O_2(纯) \xlongequal{\triangle} Fe_3O_4$$

$$Fe + S \xlongequal{\triangle} FeS$$

$$2Fe + 3Cl_2 \xlongequal{点燃} 2FeCl_3$$

因为氯气是一种强氧化剂的缘故，所以得到 +3 价的铁。而工业盐酸呈黄色，是因为工业生产运送氯气的管道往往含铁，或多或少三价铁离子掺在盐酸中而显出三价铁离子的颜色，因而使工业盐酸变成了黄色。

（2）铁与水反应　红热的铁与水蒸气反应，生成四氧化三铁和氢气。

$$3Fe+4H_2O(g)\xrightarrow{\text{高温}}Fe_3O_4+4H_2\uparrow$$

在常温下，铁与水不起反应。但在潮湿空气中，铁在水、氧气、二氧化碳等的共同作用下，铁很容易生锈而被腐蚀。

（3）铁与酸反应　铁能跟盐酸或稀硫酸发生反应，生成亚铁盐，并放出氢气。

$$Fe+2HCl=\!=\!=FeCl_2+H_2\uparrow$$

$$Fe+H_2SO_4=\!=\!=FeSO_4+H_2\uparrow$$

在常温下，铁与浓硫酸和浓硝酸发生钝化现象。因此，可以用铁制品盛装浓硫酸和浓硝酸

（4）铁与盐溶液反应　铁与比它活动性弱的金属的盐溶液反应，能置换出这种金属。如：

$$Fe+CuSO_4=\!=\!=FeSO_4+Cu$$

3．铁的化合物

（1）铁的氧化物　FeO（氧化亚铁）是一种黑色粉末，它不稳定，在空气中加热，会被氧化成 Fe_3O_4（四氧化三铁）。

Fe_2O_3 是一种红棕色粉末，俗称铁红，可用作涂料的颜料。

Fe_3O_4 是一种复杂的化合物，它是有磁性的黑色晶体，俗称磁性氧化铁。

（2）铁的氢氧化物　铁的氢氧化物包括 $Fe(OH)_3$（氢氧化铁）和 $Fe(OH)_2$（氢氧化亚铁）。$Fe(OH)_2$ 是白色的沉淀，此物质在空气中极不稳定，迅速氧化成红褐色的 $Fe(OH)_3$。

$$4Fe(OH)_2+O_2+2H_2O=\!=\!=4Fe(OH)_3$$

（3）铁盐与亚铁盐的相互转化　铁的盐类有铁盐（即三价铁盐）和亚铁盐（即二价铁盐）两种。

二价铁与三价铁在特定的条件下可以发生相互间的转化。二价的亚铁盐具有还原性，加入氧化剂（如 Cl_2）可以使其转化为三价的铁盐。

$$2FeCl_2+Cl_2=\!=\!=2FeCl_3$$

铁盐具有氧化性，加入还原剂（如 Fe、Cu）可以使其转化为亚铁盐。

$$2FeCl_3+Fe=\!=\!=3FeCl_2$$

所以配制可溶性亚铁盐溶液时，往其中加入铁屑起还原剂的作用，防止亚铁盐被氧化生成铁盐。

$$Fe+2Fe^{3+}=\!=\!=3Fe^{2+}$$

铁盐具有氧化性可以氧化铜。

$$Cu+2Fe^{3+}=\!=\!=Cu^{2+}+2Fe^{2+}$$

（4）铁离子（Fe^{3+}）的检验　检验 Fe^{3+} 的存在可用无色的硫氰化钾（KSCN）或硫氰化铵（NH_4SCN）溶液和 Fe^{3+} 反应生成血红色的溶液。

二、铜

纯铜是紫红色的软金属，又称为紫铜，具有良好的导电、导热性和延展性。

铜在干燥的空气中性质很稳定，但在潮湿的空气中受到 CO_2 的作用，表面会生成一层绿色的铜锈，其化学成分是碱式碳酸铜 $[Cu_2(OH)_2CO_3]$，俗称铜绿。

$$2Cu+H_2O+O_2+CO_2 \xrightarrow{\hspace{1cm}} Cu_2(OH)_2CO_3$$

铜与硝酸、浓硫酸在加热条件下会反应（反应式见单元一）。

铜通常用于制造合金，主要合金见表 2-5。

表 2-5　铜和铜合金组成及用途

物　质	组成元素	用　途
纯铜（紫铜）	铜	制造电线、电缆
黄铜	铜和锌的合金	制造散热器、油管
青铜	铜和锡的合金	日用器件、工具和武器
白铜	铜和镍、锌的合金	制作刀具

　　硫酸铜是重要的铜盐，通常含有五个结晶水，化学式为 $CuSO_4 \cdot 5H_2O$，是一种蓝色结晶，在干燥的空气中能慢慢失去结晶水而风化，加热时逐步失去结晶水后变成白色的无水硫酸铜。硫酸铜是制备其他铜的化合物的原料。可以利用无水硫酸铜遇水变为蓝色的特性，来检验乙醇、乙醚等有机物中有无水的存在。硫酸铜与石灰乳的混合液，俗称"波尔多液"，可用于杀灭果树害虫，还可作为媒染剂、木材防腐剂及制造人造丝。

　　铜耐蚀、有韧性，而且是电和热的优良导体。铜和其他金属如锌、铝、锡、镍等形成的合金，具有新的特性，有许多特殊用途。今天铜已经广泛应用于家庭、工业、高技术等场合。铜还是所有金属中最易再生的金属之一，目前，再生铜约占世界铜总供应量的 40%。

　　在各种家庭设备和器具中，要用到铜，在通讯、水和气输送、屋顶建造中也要用铜。铜广泛用于电气系统，它的强度、延展性和耐蚀性使它成为建筑物电路的优良导体，它也用作高、中、低电压的动力电缆，还是制造电动机和变压器的材料。国际铜研究组指出，在部分通讯系统中，光导纤维虽已取代铜，但在"最后 1 英里"区段，铜仍是优先选用的材料。在个人计算机和硬件中，广泛使用铜接线电缆。运输设备主要用铜，例如船舶、汽车和飞机。船身用铜镍合金可防止生物污垢的形成，减低阻力。据国际铜研究组的数据，每辆汽车的平均含铜量为 27.6kg，每架波音 747 飞机的含铜量为 4000kg。铜的导热性，强度和耐蚀性使它能用作汽车散热器。

　　铜和黄铜广泛用于自来水管道系统，使该系统提高抗细菌能力。

　　在机械制造中，铜合金用于制造齿轮、轴承和涡轮机叶片。在其他方面，铜可用于压力容器和大槽。铜合金能抗盐的腐蚀，因而用于海运业是有利的，包括海岸装备、海滨发电站和脱盐设备。铜也存在于人体内及动物和植物中，对保持人的身体健康是不可缺少的。

📖 复习与讨论

1. Fe 与 Cl_2、S 反应时，生成物中铁的化合价有什么不同？
2. 用什么方法可以检验 Fe^{3+} 的存在？
3. 简述铁、铜的用途。

知识窗　　　　　炼铁和炼钢

　　铁在地壳中主要是以化合态存在，铁的主要矿石有赤铁矿（Fe_2O_3）、磁铁矿（Fe_3O_4）、褐铁矿 [$Fe_2O_3 \cdot 2Fe(OH)_3$]、黄铁矿（FeS_2）和菱铁矿（$FeCO_3$）。铁矿石中除铁的化合物外，还有脉石，其主要成分为 SiO_2，以及硫、磷等杂质。

　　1. 炼铁

炼铁的主要反应原理是在高温下利用氧化还原反应将铁从铁矿石中还原出来。现代炼铁是以焦炭在高炉中燃烧生成的 CO 为还原剂，将氧化铁还原为单质铁。其反应方程式为：

$$Fe_2O_3 + 3CO \xrightarrow{\text{高温}} 2Fe + 3CO_2 \uparrow$$

炼铁时，为了降低铁矿石中高熔点杂质（SiO_2、Al_2O_3）的熔点，往往加入石灰石（$CaCO_3$）作为助熔剂，从而形成炉渣，便于除去。

$$CaCO_3 \xrightarrow{\text{高温}} CaO + CO_2 \uparrow$$

$$CaO + SiO_2 \xrightarrow{\text{高温}} CaSiO_3$$

$$3CaO + Al_2O_3 \xrightarrow{\text{高温}} Ca_3(AlO_3)_2$$

因此，炼铁的主要原料为铁矿石、焦炭、石灰石和空气。

炼铁是在高炉中进行的（图 2-15 所示）。将铁矿石、焦炭和石灰石按一定比例配成炉料从高炉顶端分批加入，将空气经过预热后从炉腹底部的进风口鼓入炉内。在炉内，上升的空气与下降的炉料形成逆流。焦炭在进风口附近燃烧，生成 CO_2 并放出大量的热，使炉腹温度达 2073K 以上。上升的 CO_2 遇到炽热的焦炭发生反应，生成 CO。

$$C + O_2 \xrightarrow{\text{点燃}} CO_2$$

$$CO_2 + C \xrightarrow{\text{高温}} 2CO$$

铁矿石在下降的过程中与 CO 发生反应，被还原为海绵状的固态铁，铁在下降的过程中被熔化为铁水，流至炉底。

炉底的温度保持在 2073K 左右，自下向上炉内温度逐渐降低，炉顶的温度约为 673K。

图 2-15 炼铁高炉

石灰石在高炉的中部发生分解，生成的 CaO 与铁矿石中的脉石、黏土等杂质形成炉渣，一起落到炉底，并浮在铁水的上面。在炉底，少量的铁与焦炭反应生成 Fe_3C 并熔于铁水中。炉渣和铁水分别从炉底的出渣口和出铁口流出。

反应后剩余的 CO、CO_2 和 N_2 等混合气体称为高炉煤气，从高炉顶部排出。高炉煤气中含有大量的 CO，经过净化处理后可以作为气体燃料。

从高炉中出来的铁一般含量为 90%～95%，另外含有 3%～4% 的碳以及少量的硅、锰、硫、磷等。将铁水缓慢冷却时，Fe_3C 可以分解为铁和石墨，这样的铁称为灰口铁。若将铁水迅速冷却，Fe_3C 来不及分解，这样得到的铁称为白口铁。灰口铁比白口铁柔韧一些，可以铸造零件并用于机械加工；白口铁非常脆硬，是炼钢的原料。

2. 炼钢

含碳量（质量分数）在 2%～4.5% 的铁称为生铁或铸铁，含碳量在 0.05%～2% 之间的铁称为钢，含碳量低于 0.05% 的铁称为熟铁。生铁硬而脆，不利于机械加工。熟铁易加工，但是太软。钢既具有良好的机械加工性能，又具有一定的硬度和韧性，因此钢的应用范围最广。

炼钢的过程是用氧化剂在高温下将铁中过多的碳及其他杂质除去（如图 2-16 所示）。炼钢时常用的氧化剂为空气中的氧气、纯氧气或铁矿石中的氧。在炼钢炉内，熔化的铁水与空气中的氧气或纯氧气接触，部分被氧化为氧化亚铁，同时放出大量的热。

$$2Fe + O_2 \xrightarrow{\text{高温}} 2FeO$$

FeO 扩散到铁水中，将铁水中的 C、Si、Mn 等元素氧化为相应的氧化物。

$$C + FeO =\!=\!= Fe + CO \uparrow$$

$$Si + 2FeO =\!=\!= 2Fe + SiO_2$$

图 2-16 炼钢高炉

$$Mn＋FeO \xrightarrow{\quad\quad} Fe＋MnO$$

生成的 CO 在炉口燃烧而除去，SiO_2 与 MnO 反应，生成炉渣而除去。

$$MnO＋SiO_2 \xrightarrow{\quad\quad} MnSiO_3$$

生铁中的硫、磷等元素是钢中的有害元素，炼钢时必须除去，在炼钢炉中加入石灰可使硫、磷形成炉渣被除去。

$$FeS＋CaO \xrightarrow{高温} FeO＋CaS$$

$$2P＋5FeO＋3CaO \xrightarrow{高温} 5Fe＋Ca_3(PO_4)_2$$

除去杂质后的钢水中的 FeO 也必须除去，否则会使钢具有热脆性。除去 FeO 的方法是加入适量的脱氧剂，如硅铁、锰铁或金属铝等还原剂，使 FeO 还原为 Fe。

$$2FeO＋Si \xrightarrow{高温} SiO_2＋2Fe$$

$$FeO＋Mn \xrightarrow{高温} MnO＋Fe$$

生成的 SiO_2 和 MnO 又相互结合生成 $MnSiO_3$ 炉渣而除去。少量的 Si、Mn 留在钢中，调节钢的成分。这样炼得的钢为碳素钢，可以在碳素钢中加入一种或几种合金元素，制得各种具有特殊性能的合金钢。

炼钢炉主要有电炉、平炉、转炉三种，目前，纯氧顶吹转炉炼钢发展较快。

单 元 小 结

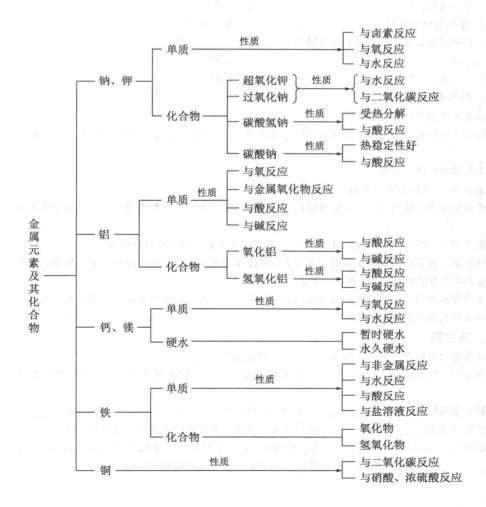

学 习 反 馈

一、选择题

1. 过氧化钠可作呼吸面具内的一种填充剂，主要是利用其（　　　）。
    A. 氧化性
           B. 易于潮解
    C. 漂白性
           D. 可与 CO_2 作用放出 O_2

2. 能吸收 CO_2 的物质是（　　　）。
    A. NaCl
           B. NaOH
    C. Na_2SO_4
           D. $NaNO_3$

3. 含有钠离子的化合物的火焰中呈（　　　）。
    A. 紫色
           B. 淡紫色
    C. 黄色
           D. 红色

4. 下列反应的生成物中铁元素的化合价为 $+3$ 价的是（　　　）。
    A. 铁和氯气反应
           B. 铁与硫反应
    C. 铁和盐酸反应
           D. 铁与稀硫酸反应

5. 要除去纯碱中混有的小苏打，正确的方法是（　　　）。
    A. 加入稀盐酸
           B. 加热灼烧
    C. 加氢氧化钾溶液
           D. 加石灰水

6. 下列物质既能溶于酸，又能溶于碱的是（　　　）。
    A. FeO
           B. MgO
    C. Al_2O_3
           D. CuO

二、判断题

1. 实验室中钠保存在煤油里。（　　　）

2. 镁在空气中很容易点燃，能强烈燃烧，所以用镁合金制造飞机、汽车是很危险的，也是不可能的。（　　　）

3. 铝是典型的两性金属。（　　　）

4. 鉴别 Fe^{3+} 可用 KSCN 溶液。（　　　）

5. 铝热法用来焊接钢轨，主要是金属铝在高温下可以置换出铁，并生成氧化铝，液态铁添加在钢轨的缝隙里。（　　　）

6. 除去 $FeCl_2$ 溶液中混有的少量 $FeCl_3$，最好的方法是往该溶液中加入铁粉。（　　　）

7. 炼铁的主要反应原理是在高温下利用氧化还原反应将铁从铁矿石中还原出来；炼钢的过程是用氧化剂在高温下将铁中过多的碳及其他杂质除去。（　　　）

8. 鉴别硬水和软水的最简便的方法是用肥皂，若能产生大量泡沫的为软水，否则为硬水。（　　　）

9. 导电导热性不是金属的通性。（　　　）

三、填空题

1. 硬水是含有较多_____的水，水垢的主要成分是_____。

2. Na_2CO_3 与 $NaHCO_3$ 相比，_____的稳定性高，_____的溶解性大，两者遇到酸都能放出_____气体。

3. 铜在潮湿的空气中受到_____的作用，表面会生成一层绿色的_____。俗称_____。

4. 波尔多液是_____和_____的混合液，可用于杀灭果树害虫和木材防腐剂等。

5. $CuSO_4 \cdot 5H_2O$ 是一种_____色的结晶，在干燥的空气中能慢慢失去结晶水而风化，最后变为_____色的无水硫酸铜，故可用无水 $CuSO_4$ 遇水变蓝的特性来检验乙醇、乙醚等有机物中有无水的存在。

四、完成下列方程式

1. $Na + H_2O \longrightarrow$

2. $Na_2O_2 + CO_2 \longrightarrow$

3. $Fe + CuSO_4 \longrightarrow$

五、完成下列转化反应的化学方程式

$Al \longrightarrow AlCl_3 \Longleftrightarrow Al(OH)_3 \longrightarrow NaAlO_2$

第二篇
化学原理和概念

单元三　化学基本量

任务目标

1. 认识有关物质的量符号及其单位。
2. 能确定物质的量、摩尔质量、气体摩尔体积及物质的量浓度。
3. 会配制物质的量浓度溶液。
4. 能确定原料的用量和产品的产率。

任务一　认识化学中常用的物理量——物质的量

> **想一想**
>
> 　　物质的量与物质的质量、基本单元数、摩尔质量、相对分子质量（或相对原子质量）之间，有何区别和联系？

一、物质的量及其单位——摩尔

物质之间发生的化学反应，实际上是组成它们的粒子（分子、原子和离子等）之间的反应。而这些粒子极小，肉眼根本无法看见，也难以称量。而生产、实验和生活中取用的物质，都是可以称量的。当物质发生化学反应时，它们是按一定的质量比进行的，微粒数目之间也存在一定的比例关系。由此可见，可称量的物质的质量与肉眼看不见的微观粒子数目之间一定有着某种联系。

要把微观粒子与宏观的可以称量的物质联系起来，需建立一种物质的量的基本单位，这个单位是含有一定数目的分子、原子、离子等微粒的巨大的集合体。正如我们把 12 这个单位数值称为 1 打一样，12 支铅笔、12 件衬衫，分别叫做 1 打铅笔、1 打衬衫。

那么，采用多少微粒组成的集合体作为物质的量的单位呢？

科学上将 12g $^{12}_{6}C$ 所含的原子数作为衡量微粒的集合体。12g $^{12}_{6}C$ 含有 6.02×10^{23} 个原子，此数值称为阿伏加德罗常数（Avogadro），符号为 N_A，即 $N_A = 6.02 \times 10^{23}$。我们把含有阿伏加德罗常数个微粒的集合体作为物质的量，用符号 n 表示，其基本单位为摩尔（符号为 mol），简称为摩。物质的量与长度、热力学温度、质量、时间一样，都是国际单位制（简称 SI 制）的基本单位，它所计量的对象是微观粒子。

摩尔是表示物质的量的单位，1mol 任何物质含有阿伏加德罗常数个微粒，因此摩尔是表示一个"大批量"的集合体。但必须注意的是：使用摩尔时必须准确指明物质的基本单元。基本单元可以是物质的任何自然存在的微粒，如分子、原子、离子、电子等，或这些微粒的特定组合，如 1mol O_2，2mol H^+，4mol NaOH，5mol $\frac{1}{2}H_2SO_4$。"$\frac{1}{2}H_2SO_4$"就是一种特定的组合。

1mol 的碳原子含有 6.02×10^{23} 个碳原子；

1mol 的氢原子含有 6.02×10^{23} 个氢原子；

1mol 的氧分子含有 6.02×10^{23} 个氧分子；

1mol 的水分子含有 6.02×10^{23} 个水分子；

1mol 的二氧化碳分子含有 6.02×10^{23} 个二氧化碳分子；

1mol 的氢离子含有 6.02×10^{23} 个氢离子；

1mol 的硫酸根离子含有 6.02×10^{23} 个硫酸根离子；

1mol $\frac{1}{5} KMnO_4$ 含有 6.02×10^{23} 个 $\frac{1}{5} KMnO_4$；

$2 \times 6.02 \times 10^{23}$ 个 H_2 是 2mol H_2；

$0.5 \times 6.02 \times 10^{23}$ 个 OH^- 是 0.5mol OH^-；

$0.1 \times 6.02 \times 10^{23}$ 个电子是 0.1mol 电子。

由此可见，物质的量（n）与基本单元数（N）、阿伏加德罗常数（N_A）之间有如下的关系：

$$物质的量 = \frac{物质的基本单元数目}{阿伏加德罗常数}$$

即

$$n = \frac{N}{N_A}$$

 思考

0.5mol H_2SO_4 含有多少个硫酸分子？含有多少个氢原子和多少个硫酸根离子？$3 \times 6.02 \times 10^{23}$ 个 $\frac{1}{2} H_2SO_4$ 是多少摩尔 $\frac{1}{2} H_2SO_4$？

【例 3-1】0.5mol 的磷酸（H_3PO_4）中含有多少个磷酸分子？含多少个氧原子？含氢原子多少摩尔？

解
$$n = \frac{N}{N_A}$$
$$N(H_3PO_4) = nN_A = 0.5 \times 6.02 \times 10^{23} = 3.01 \times 10^{23}（个）$$
$$N(O) = 0.5 \times 4 \times 6.02 \times 10^{23} = 1.20 \times 10^{24}（个）$$
$$n(H) = 0.5 \times 3 = 1.5（mol）$$

答：0.5mol 的磷酸（H_3PO_4）中含有 3.01×10^{23} 个磷酸分子、1.20×10^{24} 个氧原子、1.5mol 氢原子。

二、摩尔质量

6.02×10^{23} 个原子，是微粒的集合体。1mol $^{12}_6 C$ 原子的质量是 12g，即 6.02×10^{23} 个 $^{12}_6 C$ 原子的质量是 12g。

讨论

能否根据 1mol $^{12}_6 C$ 原子的质量推算出 1mol 其他原子的质量？

元素的相对原子质量是以 $^{12}_6 C$ 原子的质量的 1/12 作为基准，其他元素的质量与它相比较所得的数值。例如，氧原子的相对原子质量是 16，一个碳原子与一个氧原子的质量之比为 12∶16。因为 1mol 碳原子和 1mol 氧原子所含的原子个数相同，都是 6.02×10^{23} 个；1mol 碳原子的质量是 12g，所以 1mol 氧原子的质量就是 16g。同理可以推知，1mol 任何原子的质量以克为单位时，数值上等于这种原子的相对原子质量。

既然能推算 1mol 任何原子的质量，同样也能推知 1mol 任何物质的质量，就是以克为单位时，数值上等于这种物质的式量。例如，氧气的式量是 32，1mol 氧气的质量是 32g；硫酸的式量是 98，1mol 硫酸的质量是 98g；$\frac{1}{2}H_2SO_4$ 的式量是 49，1mol $\frac{1}{2}H_2SO_4$ 的质量是 49g。

原子失去或得到电子成为离子，由于电子的质量极小，原子失去或得到电子的质量可以忽略不计，因此我们同样可以推知 1mol 离子的质量。例如 1mol OH^- 的质量是 17g；1mol Na^+ 的质量是 23g。

化学上把 1mol 物质的质量叫做该物质的摩尔质量，符号为 M，单位为 $kg \cdot mol^{-1}$ 或 $g \cdot mol^{-1}$，中文名称千克每摩尔或克每摩尔。由于不同物质的摩尔质量大多数不同，即便是同种物质，基本单元不同，其摩尔质量也不同，因此在使用摩尔质量时，必须注明基本单元。如，氧的摩尔质量 $M(O) = 16g \cdot mol^{-1}$；铁的摩尔质量 $M(Fe) = 56g \cdot mol^{-1}$；$\frac{1}{2}H_2SO_4$ 的摩尔质量 $M\left(\frac{1}{2}H_2SO_4\right) = 49g \cdot mol^{-1}$；$NaOH$ 的摩尔质量 $M(NaOH) = 40g \cdot mol^{-1}$ 等。

📖 思考

铜（Cu）的相对原子质量是 64，1mol 铜的质量是多少克？1mol 硫酸根离子（SO_4^{2-}）的质量又是多少克？

由此可见，物质的量含有微观的粒子数和宏观的质量的双重意义，它像一座桥梁把单个的、肉眼看不见的微粒与可以称量的物质之间联系起来了。

物质的量、物质的摩尔质量和物质的质量之间的关系可以表示为：

$$物质的量(mol) = \frac{物质的质量(g)}{摩尔质量(g \cdot mol^{-1})}$$

即

$$n(mol) = \frac{m(g)}{M(g \cdot mol^{-1})}$$

【例 3-2】计算 19.6g 硫酸的物质的量。

解
$$M(H_2SO_4) = 98g \cdot mol^{-1}$$

$$n(H_2SO_4) = \frac{19.6g}{98g \cdot mol^{-1}} = 0.2mol$$

答：19.6g 硫酸相当于 0.2mol 硫酸。

【例 3-3】3.5mol 氢氧化钠的质量是多少？

解 $NaOH$ 的摩尔质量是 $40g \cdot mol^{-1}$。

$$m(NaOH) = 3.5mol \times 40g \cdot mol^{-1} = 140g$$

答：3.5mol 氢氧化钠的质量是 140g。

📖 复习与讨论

1. 多少克硝酸铵（NH_4NO_3）与 15g 尿素[$(NH_2)_2CO$]所含的氮原子数相等？

2. 等物质的量的高锰酸钾、氯酸钾、氧化汞加热分解后，放出的氧气哪一个多？等质量的高锰酸钾、氯酸钾、氧化汞加热分解后，放出的氧气哪一个多？

3. 硫酸的相对分子质量是多少？摩尔质量是多少？19.6g 硫酸的物质的量是多少？含多少个硫酸分子？

任务二 确定气体摩尔体积

已经知道 1mol 任何物质含有相同数目的微粒。那么, 1mol 物质的体积是否相同?

由相对原子质量和式量可以知道 1mol 物质的质量, 如果知道这些物质的密度, 就可以计算它们的体积。

讨论

已知 20℃时, 铁的密度是 $7.8g \cdot cm^{-3}$, 铅的密度是 $11.3g \cdot cm^{-3}$, 蔗糖 ($C_{12}H_{22}O_{11}$) 的密度是 $1.588g \cdot cm^{-3}$, 硫酸的密度是 $1.84g \cdot cm^{-3}$, 怎样知道 1mol 这些物质的体积?

$$体积 = \frac{质量}{密度}$$

用符号表示为:

$$V = \frac{m}{\rho}$$

由上述算式不难得出以下结论:

1mol 铁的质量 56g, 它的体积是 $7.2cm^3$;

1mol 铅的质量是 207g, 它的体积是 $18.3cm^3$;

1mol 蔗糖的质量是 342g, 它的体积是 $215.4cm^3$;

1mol 水的质量是 18g, 它的体积是 $18cm^3$;

1mol 硫酸的质量是 98g, 它的体积是 $53.3cm^3$。

由图 3-1 可以发现, 1mol 固态或液态物质的体积各不相同。

图 3-1 1mol 固体、液体体积的比较

那么, 1mol 气态物质的体积又是多少?

一、气体摩尔体积

讨论

已知 0℃、101.3kPa 时, 氢气的密度是 $0.0899g \cdot L^{-1}$, 氧气的密度是 $1.429g \cdot L^{-1}$, 二氧化碳的密度是 $1.977g \cdot L^{-1}$。1mol 这些物质的体积是多少?

氢气、氧气、二氧化碳的摩尔质量分别是 $2g \cdot mol^{-1}$、$32g \cdot mol^{-1}$、$44g \cdot mol^{-1}$。

在 0℃、101.3kPa 时:

$$1 \text{mol 氢气的体积} = \frac{2\text{g}}{0.0899\text{g} \cdot \text{L}^{-1}} = 22.2\text{L}$$

$$1 \text{mol 氧气的体积} = \frac{32\text{g}}{1.429\text{g} \cdot \text{L}^{-1}} = 22.4$$

$$1 \text{mol 二氧化碳的体积} = \frac{44\text{g}}{1.977\text{g} \cdot \text{L}^{-1}} = 22.3\text{L}$$

结论：在标准状况下（简写为 STP，指温度为 0℃、压强为 101.325kPa），1mol 任何气体所占的体积都约为 22.4L，符号为 V_m。

在标准状况下，气体的摩尔体积约为 22.4L·mol^{-1}，因此，我们可以认为 22.4L·mol^{-1} 是在特定条件下的气体摩尔体积。

在标准状况下的气体摩尔体积（V_m）与标准状况下气体占有的体积（V_0，常用单位为 L）和物质的量（n）三者之间的关系是：

$$V_m = \frac{V_0}{n}$$

标准状况下气体的密度：
$$\rho_0 = \frac{M}{V_m}$$

大量的实验证明，相同的温度和压强时，1mol 任何气体所占的体积在数值上近似相等。人们将一定的温度和压强下，单位物质的量的气体所占的体积称为气体摩尔体积，单位是 L·mol^{-1}或 m^3·mol^{-1}。

思考

在相同条件下，为什么 1mol 不同固态和液态物质的体积不同，而气态物质的体积几乎相同？

物质体积的大小取决于三个因素：构成物质的微粒数、微粒的大小和微粒间的距离。1mol 任何物质的微粒数相同都是 6.02×10^{23} 个。微粒数相同时，物质体积的大小由微粒的大小和微粒间的距离两个因素决定；当微粒间的距离很小时，物质的体积主要由构成物质的微粒大小决定；当微粒间的距离很大时，物质的体积主要取决于微粒间的距离。

1mol 固态或液态物质具有相同的微粒数。在固态或液态物质中，微粒之间的距离很小，所以物质的体积主要决定于微粒的大小。然而构成各种不同固态或液态物质的微粒大小不同，因而它们的体积也不同 [如图 3-2（a）所示]。

而气态物质分子间的距离很大，一般情况下气体的分子直径约为 4×10^{-10} m，分子间的平均距离为 4×10^{-9} m，即平均距离是分子直径的 10 倍左右 [如图 3-2（b）所示]。所以，当微粒数相同时，气体的体积主要决定于分子间的平均距离。

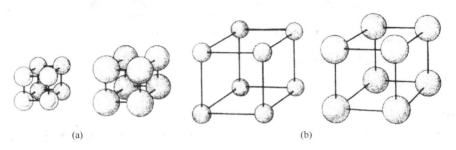

(a)   (b)

图 3-2 微粒大小、微粒间距离和物质体积大小的关系示意图

气体分子间的平均距离与压力、温度有关。压力越大，分子间的平均距离越小；压力越小，分子间的平均距离越大。温度越高，分子之间的距离越大；温度越低，分子间的距离越

小。大量的实验证明，在相同温度、压力下，不同种类气体分子间的平均距离几乎是相等的。所以，当气体的微粒数相等时，它们所占的体积也几乎相同。因此在标准状况下，1mol 任何气体所占的体积几乎相等，都约为 22.4L（见图 3-3）。

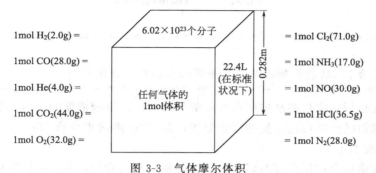

图 3-3　气体摩尔体积

不同的气体在相同的温度和压力下，分子间的平均距离相同，气体体积的大小与分子数的多少有关，具有相同体积的不同气体，在同温同压下含有相同的分子数。

结论：在同温同压下，相同体积的任何气体都含有相同数目的分子数目，这就是阿伏加德罗定律。

气体的体积与物质的量、质量和微粒数的关系为：

$$质量（m）\underset{\times M}{\overset{\div M}{\rightleftarrows}}物质的量（n）\underset{\div V_m}{\overset{\times V_m}{\rightleftarrows}}气体的体积（V_0）$$

$$\div N_A \big\updownarrow \times N_A$$

微粒数

二、有关气体摩尔体积的计算

【例 3-4】 在标准状况下，13.2g 二氧化碳所占体积是多少升？

解
$$M(CO_2)=44g \cdot mol^{-1}$$
$$n(CO_2)=\frac{m}{M}=\frac{13.2}{44}=0.3(mol)$$
$$V(CO_2)=nV_m$$
$$=0.3 \times 22.4 = 6.72(L)$$

答：在标准状况下，13.2g 二氧化碳所占体积为 6.72L。

【例 3-5】 标准状况下，11.2L 的氧气与标准状况下多少升氮气质量相等？

解
$$m(O_2)=m(N_2)$$
$$m(O_2)=\frac{V_0}{V_m} \times M$$
$$=\frac{11.2}{22.4} \times 32 = 16(g)$$
$$V(N_2)=nV_m=\frac{m}{M} \times V_m$$
$$=\frac{16}{28} \times 22.4 = 12.8(L)$$

答：标准状况下，12.8L 氮气与 11.2L 氧气质量相等。

复习与讨论

1. 3g H_2、71g Cl_2、1mol N_2 以及标准状况下 28L O_2，其中含分子数最多的是哪一种物质？为什么？

2. 在标准状况下，多少克二氧化氮与 9.6g 氧气所占的体积相同？

任务三　配制溶液

溶液的浓度是指一定量溶液中所含溶质的量的多少。溶液浓度的表示方法有多种，在初中的化学中，我们已经学习过溶质的质量分数，如 100g 溶液中含有 10g NaCl，其质量分数可表示为 0.12 或 12%。

但是，在许多场合取用溶液时，一般不是去称量它的质量，而是量取它的体积。在化学反应中物质之间的物质的量的关系也要比它们之间的质量关系简单得多。因此知道一定体积溶液里含有溶质的物质的量，对生产和科学实验是非常重要的。这种表示溶液中溶质含量的方法就是物质的量浓度。

一、物质的量浓度

单位体积溶液中所含溶质的物质的量，称为物质的量浓度，简称为浓度，符号为 c，单位是 $mol \cdot L^{-1}$。

$$物质的量浓度 = \frac{溶质的物质的量（mol）}{溶液的体积（L）}$$

即

$$c = \frac{n}{V}$$

【例 3-6】将 58.5g NaCl（即 1mol 氯化钠）溶于水，配制成 1L 溶液，此氯化钠溶液的物质的量浓度为多少？

解

$$c(NaCl) = \frac{n(NaCl)}{V}$$

$$= \frac{1}{1} = 1(mol/L)$$

答：此氯化钠溶液的物质的量浓度为 $1mol \cdot L^{-1}$。

二、溶液的配制

动手操作

【实验 3-1】配制 $0.5mol \cdot L^{-1}$ 的 NaCl 溶液 250mL。仪器：托盘天平（图 3-4）、容量瓶（图 3-5）、100mL 小烧杯、玻璃棒、胶头滴管、洗瓶。

试剂：固体氯化钠。

步骤：

讨论：

如何用 37% 盐酸（密度为 $1.19g \cdot cm^{-3}$）配制 100mL $2mol \cdot L^{-1}$ 的盐酸溶液？

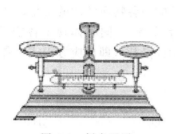

图 3-4　托盘天平

图 3-5　容量瓶

实验室里不仅用固体溶质来配制溶液，也常用浓溶液配制所需浓度的稀溶液。当用水稀释浓溶液时，溶液的体积发生变化，但是溶质的物质的量不变。浓溶液中溶质的物质的量与稀溶液中溶质的物质的量相等。即：

$$n(溶液中溶质)_浓 = n'(溶液中溶质)_稀$$

$$c_浓 V_浓 = c'_稀 V'_稀$$

【例 3-7】 用 98％的浓硫酸（密度 $\rho = 1.84\text{g} \cdot \text{mL}^{-1}$），配制 500mL 2mol·$\text{L}^{-1}$ 的 H_2SO_4 溶液，需要多少体积浓硫酸？

解　浓硫酸的物质的量浓度 $c(H_2SO_4)_浓 = \dfrac{1000\rho w}{M(H_2SO_4)}$

$$= \frac{1000 \times 1.84 \times 98\%}{98} = 18.4(\text{mol} \cdot \text{L}^{-1})$$

根据稀释公式：
$$c_浓 V_浓 = c'_稀 V'_稀$$

$$V_浓 = \frac{2\text{mol} \cdot \text{L}^{-1} \times 0.5\text{L}}{18.4\text{mol} \cdot \text{L}^{-1}} = 54.3 \times 10^{-3}\text{L} = 54.3\text{mL}$$

答：配制 500mL 2mol·L^{-1} 的 H_2SO_4 溶液，需要 98％浓硫酸 54.3mL。

复习与讨论

1. 将 342g 蔗糖（$C_{12}H_{22}O_{11}$）溶解在 1L 水中，得到溶液的浓度是否为 1mol·L^{-1}？为什么？

2. 在 1L 1mol·L^{-1} 的蔗糖溶液中取出 10mL，取出溶液的浓度是多少？

任务四　计算原料的用量和产品的产率

想一想

硫酸生产过程的化学反应为：

$$4FeS_2 + 11O_2 =\!=\!= 2Fe_2O_3 + 8SO_2$$

$$2SO_2 + O_2 \underset{加热}{\overset{催化剂}{=\!=\!=\!=}} 2SO_3$$

$$SO_3 + H_2O =\!=\!= H_2SO_4$$

欲生产 1kg 纯硫酸，需要多少千克 FeS_2？若用 1kg FeS_2，实际得到纯硫酸 1.45kg，则硫酸的产率是多少？

用化学式表示化学反应的式子，称为化学方程式。每个化学方程式都是由实验结果得出来的，是一个真实的化学反应；它既表达化学反应中各物质的质的变化，还具体表明了参加反应的物质（反应物）和反应后生成的物质（生成物），同时体现了各物质之间量的关系。在化学反应中，各物质的量之比等于它们的化学计量数（即反应方程式中各反应物和生成物前面的系数）之比。

例如，在 H_2 和 O_2 化合成 H_2O 的反应中：

	$2H_2$	$+$	O_2	$\xrightarrow{\text{点燃}}$	$2H_2O$
化学计量数之比	2	:	1	:	2
物质的量之比	2mol	:	1mol	:	2mol
微粒数之比	$2\times6.02\times10^{23}$	:	$1\times6.02\times10^{23}$	:	$2\times6.02\times10^{23}$
物质的质量之比	2×2g	:	32g	:	2×18g
气体的体积之比	2×22.4L	:	22.4L		

根据需要选择合适的数量关系，来解决实际问题。

【例 3-8】 实验室用 130g 锌（Zn）与足量稀硫酸（H_2SO_4）反应，能生成硫酸锌（$ZnSO_4$）多少克？

解 （1）利用质量比来进行计算

$$Zn + H_2SO_4 =\!=\!= ZnSO_4 + H_2\uparrow$$

$$65g \qquad\qquad\qquad 161g$$

$$130g \qquad\qquad\qquad x$$

$$65g : 161g = 130g : x$$

$$x = \frac{161g\times130g}{65g} = 322g$$

（2）利用物质的量之比计算

已知 $M(Zn) = 65g\cdot mol^{-1}$，$M(ZnSO_4) = 161g\cdot mol^{-1}$。

$$Zn + H_2SO_4 =\!=\!= ZnSO_4 + H_2\uparrow$$

$$1 \qquad\qquad\qquad 1$$

$$\frac{130g}{65g\cdot mol^{-1}} \qquad\qquad \frac{x}{161g\cdot mol^{-1}}$$

$$1 : 1 = \frac{130g}{65g\cdot mol^{-1}} : \frac{x}{161g\cdot mol^{-1}}$$

$$x = 322g$$

答：能生成硫酸锌（$ZnSO_4$）322g。

思考

工业上采用煅烧石灰石生产 CaO 和 CO_2，若煅烧含 $CaCO_3$ 的质量分数为 90% 的石灰石 5t，能制得多少吨 CaO 和多少立方米 CO_2（标准状况）？如果实际得到 CaO 2.4t，那么 CaO 的产率是多少？若实际消耗质量分数为 90% 的石灰石 5.5t，石灰石的利用率是多少？

在实际生产和科学实验中，利用化学方程式计算所得的是产品的理论产量，由于实际生产中使用的原料不纯，操作过程中有损失；有的化学反应不能进行完全，反应物不能 100% 地转化为生成物；有的反应同时有副反应等。所以，产品的实际产量总是低于理论产量；原料的实际消耗量，总是高于理论用量。理论产量与实际产量的关系可用产品的产率来表示，原料的理论消耗量与实际消耗量的关系可用原料利用率来表示。

$$产品产率 = \frac{实际产量}{理论产量} \times 100\%$$

$$原料利用率 = \frac{理论消耗量}{实际消耗量} \times 100\%$$

【例 3-9】 用 250g 含 $CaCO_3$ 为 80% 的矿石与足量的盐酸反应，生成 $CaCl_2$ 的物质的量是多少？生成 H_2O 的质量是多少？在标准状况下生成 CO_2 的体积为多少？

解 利用化学反应方程式直接计算各物质的量

设：生成 $CaCl_2$ 的物质的量为 x（mol）；生成 H_2O 的质量为 y（g）；生成 CO_2 的体积（标准状况下）为 z（L）。

$$CaCO_3 + 2HCl = CaCl_2 + H_2O + CO_2 \uparrow$$

$$\frac{1 \times 100}{250 \times 80\%} = \frac{1}{x} = \frac{1 \times 18}{y} = \frac{1 \times 22.4}{z}$$

$$x = 2\text{mol}$$
$$y = 36\text{g}$$
$$z = 44.8\text{L}$$

答：生成 $CaCl_2$ 的物质的量为 2mol；生成 H_2O 的质量为 36g；在标准状况下生成 CO_2 的体积为 44.8L。

复习与讨论

1. 把鸡蛋放入盛有稀盐酸的烧杯中浸泡一会儿取出，鸡蛋会变形的原因是什么？

2. 从宇宙飞船舱中除去宇航员呼出的 CO_2 常用 Na_2O_2，反应方程式为：

$$2Na_2O_2 + 2CO_2 = 2Na_2CO_3 + O_2$$

假如在一天内，一个人呼出 1kg CO_2，为了消除由 3 名宇航员在 6 天的月球探险中产生的 CO_2，至少需要多少千克 Na_2O_2？

3. 根据测量，地球上绿色植物每年利用太阳能的净值为 2.76×10^{16} kJ。若人均年消耗的能量折合葡萄糖为 2000kg，请测算地球上最多能养活多少人？（提示：把能量作为一种生成物。）绿色植物光合作用的反应式为：

$$6CO_2(g) + 6H_2O(l) \xrightarrow[\text{叶绿素}]{\text{光}} C_6H_{12}O_6(s) + 6O_2(g) - 289\text{kJ}$$

知识窗　　　　阿伏加德罗与阿伏加德罗定律的发现

意大利化学家、物理学家阿伏加德罗（Avogadro's，1776—1856）出生于都灵市一个律师家庭。1792 年入都灵大学学习法学，1796 年获法学博士学位后，从事律师工作。1800 年起开始研究物理学和数学 1809 年任韦尔切利大学哲学教授。1820 年任都灵大学数学和物理学教授，直到 1850 年退休。1819 年当选都灵科学院院士。1822 年成为意大利数学和物理学首席教授。阿伏加德罗在化学上的重大贡献，是他在 1811 年提出了分子学说。1805 年，法国化学家盖吕·萨克用定量的方法研究气体反应中体积间的关系时，发现了气体反应定律，当压强不变时，参加反应的气体与生成物气体体积成简单的整数比的定律，即盖吕·萨克定律。这一定律引起了当时许多科学家的注意，贝齐利乌斯首先提出一个假说："在同温同压下，同体积的任何气体都含有相同数目的原子。"但这假说与许多气体反应的实验数据有矛盾，若按照这一假说：1 体积的氢气和 1 体积的氯气反应只能生成 1 体积的氯化氢气体。为了解决这一矛盾，充分解释盖·吕萨克的气体反应定律，1811 年，意大利物理学家阿伏加德罗在化学中引入分子的概念，并提出假说："在同温同压下，同体积的任何气体都含有相同数目的分子。"这就能满意地解释气体反应的体积关系了。"1 体积氢气与 1 体积氯气结合，为什么生成 2 体积氯化氢"——1 个氢分子由 2 个氢原子构成，1个氯分子由2个氯原子构成，它们相互化合成2个氯化氢分子。但这个假说在当时并未得到公认，因为当时的化学界权威道尔顿和贝齐利乌斯都认为相同的原子组成分子是绝对不可能的。直到19世纪60年代意大利化学家康尼查罗（1826—1910）在国际化学会议上，从阿伏加德罗的分子概念出发提出了一系列实验工作成果，证实了阿伏加德罗假说的正确性，这一几乎被遗忘的假说才得以承认并被命名为阿伏加德罗定律。

单 元 小 结

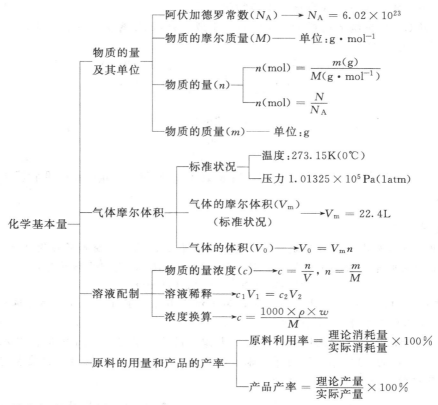

各物理量之间的关系如下图：

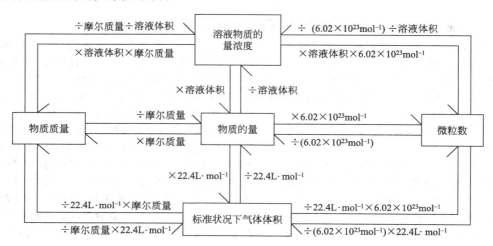

学 习 反 馈

一、选择题

1. 摩尔是（　　　）。
   A. 物质的质量单位　　　　　　　　　　　　B. 物质的量
   C. 物质的量的单位　　　　　　　　　　　　D. 6.02×10^{23} 个微粒

2. 质量相同的下列物质中，含分子数目最多的是（　　　）。
   A. HCl　　　　　　　B. H_2O　　　　　　C. H_2SO_4　　　　　　D. HNO_3

3. 0.5mol 氢气含有（　　　）。
   A. 0.5 个氢分子　　　　　　　　　　　　B. 1 个氢原子
   C. 3.01×10^{23} 个氢分子　　　　　　D. 3.01×10^{23} 个氢原子

4. 0.5mol 的 O_2 与（　　　）的 N_2 含有相同的分子数。
   A. 7g　　　　　　　B. 28g　　　　　　C. 0.5mol　　　　　　D. 1mol

5. 0.5mol H_2O 分子中含有（　　　）氢原子。
   A. 2 个　　　　　B. 3.01×10^{23} 个　　　　C. 6.02×10^{23} 个　　　　D. 1 个

6. 下列说法正确的是（　　　）。
   A. 1mol 任何气体的体积都是 22.4L
   B. 1mol 氢气的质量是 2g，它所占的体积是 22.4L
   C. 在标准状况下，1mol 任何物质所占的体积都约是 22.4L
   D. 标准状况下，1mol 任何气体所占的体积都约是 22.4L

7. 1g H_2 与 16g O_2 在标准状况下（　　　）相同。
   A. 体积　　　　　　B. 质量　　　　　　C. 物质的量浓度　　　　D. 摩尔质量

8. 在标准状况下，下列气体体积最大的是（　　　）。
   A. 4g H_2　　　　　　B. 0.5mol O_2　　　　C. 1.5mol N_2　　　　D. 28g N_2

9. 等物质的量的下列物质，含氢原子数最多的是（　　　）。
   A. NH_3　　　　　　B. $(NH_4)_2SO_4$　　　　C. NH_4Cl　　　　D. $NH_4H_2PO_4$

10. 在 A 的氯化物中，A 元素与氯元素的质量比是 1:1.9，原子个数比是 1:3，则 A 的相对原子质量为（　　　）。
    A. 24　　　　　　B. 27　　　　　　C. 56　　　　　　D. 64

11. 物质的量相同的锌和铝跟足量的盐酸反应，所生成的氢气在标准状况下的体积比是（　　　）。
    A. 2:3　　　　　　B. 3:2　　　　　　C. 1:1　　　　　　D. 65:27

二、判断题

1. 71g 氯气相当于 2mol 氯气。　　　　　　　　　　　　　　　　　　　　（　　　）

2. 1mol N_2 的质量是 28g。　　　　　　　　　　　　　　　　　　　　　（　　　）

3. 1mol 氢气的物质的量是 2g。　　　　　　　　　　　　　　　　　　　　（　　　）

4. 硫酸的摩尔质量 $M(H_2SO_4) = 98g \cdot mol^{-1}$。　　　　　　　　　　　（　　　）

5. 在标准状况下，任何物质的摩尔体积都约等于 22.4L。　　　　　　　　（　　　）

6. 在标准状况下，16g O_2 与 11.2L H_2 所含有的分子数相同。　　　　（　　　）

7. 1mol 气体所占有的体积都是 22.4L。　　　　　　　　　　　　　　　　（　　　）

8. 在标准状况下，2g 氧气、2g 氯气、2g 氮气，三种气体所占的体积相等。（　　　）

9. 117g NaCl 溶解在 1L 水中，所得溶液的浓度为 $2mol \cdot L^{-1}$。　　　（　　　）

10. 在物质的量浓度为 $3mol \cdot L^{-1}$ 的 NaOH 溶液中取出 2mL，其浓度仍是 $3mol \cdot L^{-1}$。（　　　）

三、填空题

1. 物质的量相等的 CO 和 O_2，其质量比是＿＿＿＿＿，所含分子个数比是＿＿＿＿＿。所含的氧原子个数比是_____。

2. 标准状况下，5.6L 氢气的物质的量为_____，所含的氢分子数为_____。

3. 5mol 二氧化碳的质量是_____，在标准状况下所占的体积是_____，其中含有_____mol 氧原子，含有_____个二氧化碳分子。

4. 等质量的氧气（O_2）和臭氧（O_3）所含的分子数比为_____，氧原子数比为_____，在相同状况下的体积比为_____。

5. 在标准状况下，与 4.4g 二氧化碳体积相等的氨气的物质的量为_____，质量为_____。

6. 配制浓度为 0.5mol·L^{-1} NaOH 溶液 1000mL，需要称取固体 NaOH 的质量是_____。取该溶液 20mL，其物质的量浓度为_____，物质的量为_____，质量是_____。

7. 将 3.2g NaOH 溶于水配制成 500mL 溶液，则溶液的物质的量浓度为_____。从该溶液中取出 50mL，取出液的浓度为_____，其中含 NaOH _____mol，将取出液加水稀释至 1L，稀释后溶液的浓度为_____，含 NaOH _____g。

8. 将 29.25g NaCl 溶解在_____g H_2O 中，才能使 20 个水分子中有 1 个 Na^+。

9. 4g H_2 与 4g O_2 反应后，生成_____mol H_2O，含_____个 H_2O 分子，这些 H_2O 分子中含_____mol 电子。

10. 在标准状况下，5.6L HCl 溶解于水，配制成 0.5L 稀盐酸，此盐酸的物质的量浓度为_____mol·L^{-1}，其中含溶质_____g。

四、问答题

1. 为什么 1mol 不同的固体和液体的体积各不相同？

2. 物质的量和物质的质量，摩尔质量和相对分子质量，有何区别和联系？举例说明。

3. 蔗糖（$C_{12}H_{22}O_{11}$）的摩尔质量是多少？1kg 蔗糖的物质的量是多少？其中含有多少个碳原子？

4. 0.5mol H_2 和 0.5mol O_2 所含的分子数相等吗？0.5g H_2 和 0.5g O_2 哪一个所含分子数目多？

五、计算题

1. 计算 1mol 下列各种物质的质量。

（1）Fe　（2）He　（3）O_2　（4）Al_2O_3　（5）H_2SO_4　（6）NaOH

2. 计算下列物质的物质的量。

（1）120g Mg　（2）14g CO　（3）234g NaCl　（4）100kg $CaCO_3$

3. 9.8g H_2SO_4 与多少克 H_3PO_4 所含的分子数相等？9.8g H_2SO_4 中含氢原子多少摩尔？含氧原子多少摩尔？

4. 在标准状况下，1.4g N_2 与多少克 SO_2 所占的体积相同？4.48L CO_2 与多少克 H_2S 所含的分子数目相同？

5. 在标准状况下，2.24L 的某气体质量是 3.2g，计算该气体的相对分子质量。

6. 配制 0.2mol·L^{-1} 下列物质的溶液各 200mL，需要下列物质各多少克？

（1）H_2SO_4　（2）NH_3　（3）KOH　（4）NaCl

7. 实验室常用的浓硝酸的质量分数为 0.65，密度为 1.4g·mL^{-1}，其物质的量浓度为多少？欲配制 3mol·L^{-1} 的硝酸 500mL，需要这种浓硝酸多少毫升？

8. 把含 $CaCO_3$ 质量分数为 0.9 的大理石 100g 与足量的盐酸反应（杂质不反应），在标准状况下，能生成 CO_2 多少升？

9. 中和 4g 的 NaOH，用去 25mL 的盐酸，此盐酸的物质的量浓度是多少？

10. 用黄铁矿生产硫黄，用含 FeS_2 质量分数为 84% 的黄铁矿，经隔绝空气加热，生产 1t 硫黄，理论上需要黄铁矿多少吨？如实际生产中用去 4.8t 黄铁矿，原料的利用率是多少？（提示：$FeS_2 \xrightarrow{\triangle} FeS + S$）

单元四　原子结构和元素周期律

任务目标

1. 掌握原子结构及原子表示方法，理解同位素概念。
2. 熟悉元素周期表的结构，理解元素周期律。
3. 能理解元素性质与其在元素周期表中位置的关系。
4. 初步了解化学键。

世界是由物质构成的，物质的分子又是由原子构成的，为了研究物质的性质，必须首先了解原子的结构，才能知道它们是如何结合成分子的，从而对物质的性质有比较本质的认识。

任务一　了解原子结构

一、原子的组成及同位素

1. 原子的组成

原子是由位于原子中心的带正电荷的原子核和核外带负电荷的电子组成的。原子很小，而原子核更小，假设原子是一座庞大的体育场，而原子核只相当于体育场中央的一只蚂蚁（如图 4-1），其体积只占原子体积的几千万亿分之一，质量却占整个原子质量的 99.9%。

原子核虽小，仍由更小的粒子所组成，即由质子和中子所构成。构成原子的粒子及其性质归纳于表 4-1 中。

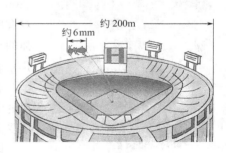

图 4-1　原子与原子核的
相对大小示意图

表 4-1　构成原子的粒子及其性质

构成原子的粒子	电子	原子核	
		质子	中子
电性和电量	一个电子带一个单位负电荷	一个质子带一个单位正电荷	不显电性
质量/kg	9.109×10^{-31}	1.673×10^{-27}	1.675×10^{-27}
相对质量[①]	$1/1836$[②]	1.007	1.008

① 是指对 ^{12}C 原子（质子数和中子数均为 6 的碳原子）质量的 $1/12$（1.661×10^{-27}kg）相比较所得的数值。

② 是电子质量与质子质量之比。

一个质子带一个单位正电荷，中子不带电，所以核电荷数（Z）由质子数决定。原子作为一个整体不显电性，因此

核电荷数（Z）＝核内质子数＝核外电子数

由表 4-1 可见，在原子中，电子的质量很小，可以忽略不计，质子和中子的相对质量都近似为 1，将原子核内所有的质子和中子的相对质量取整数值加起来所得的数值，为原子的质量数，用符号 A 表示。中子数用符号 N 表示。则

原子质量数（A）＝质子数（Z）＋中子数（N）

通常以 $^A_Z X$ 代表一个质量数为 A，质子数为 Z 的原子，则构成原子的粒子间关系可表示为：

$$原子\,^A_Z X \begin{cases} 原子核 \begin{cases} 质子\ Z\ （个） \\ 中子\ N=A-Z\ （个） \end{cases} \\ 核外电子\ Z\ （个） \end{cases}$$

2. 同位素

元素是质子数相同的同一类原子的总称，即同种元素原子的原子核中质子数相同。那么，它们的中子数、质量数是否相同呢？科学研究证明，同种元素原子的原子核中，中子数、质量数不一定相同。例如，氢元素的原子核中都含 1 个质子，但有不含中子的，也有含 1 个中子的，还有含 2 个中子的。

不含中子的氢原子称氕，记为 $^1_1 H$；含 1 个中子的氢原子称氘，就是重氢，记为 $^2_1 H$ 或 D；含 2 个中子的氢原子称氚，就是超重氢，记为 $^3_1 H$ 或 T。

这种原子核内质子数相同，而中子数不同的同种元素的不同原子互称为同位素。上述 $^1_1 H$、$^2_1 H$、$^3_1 H$ 是氢的三种同位素。又如 $^{16}_8 O$、$^{17}_8 O$ 和 $^{18}_8 O$ 是氧的同位素。同一种元素的各种同位素虽然质量数不同，但它们的化学性质几乎完全相同。

目前已知的绝大多数元素都有同位素，已经发现的自然界存在的各种元素的同位素有 300 多种，而人造同位素已达 1200 多种。有的同位素没有放射性，有的有放射性。科学上对有些放射性的同位素加以利用，比如重氢和超重氢是制造氢弹的材料，用 $^{235}_{92} U$ 制造原子弹（图 4-2 是原子弹爆炸的场面图片）和核反应堆。以 $^{60}_{27} Co$ 为放射源对肿瘤患者进行化疗等。

有些自然界存在的放射物质对人类有一定的危害，如装潢用的天然石材中往往含有放射性元素氡（$^{222}_{86} Rn$），人体长时间接受其辐射会诱发一些恶性疾病。

因此，使用天然石材要进行放射物质检测，现在有些城市对新建的房屋要进行强制性检测放射性元素氡。

图 4-2 原子弹爆炸

二、核外电子排布的初步知识

1. 电子层

在多电子的原子里，电子之间的能量是不同的。通常，能量低的电子在离核近的区域内运动，能量高的电子在离核远的区域内运动。这些离核距离远近不等的电子运动区域，称为电子层。把离核最近、能量最低的区域称为第一电子层，离核稍远、能量稍高的区域称为第二电子层；由里向外依次类推。

电子层的编号有两种方法，即用数字和用字母表示，其对应关系及各层电子的能量变化见表 4-2。

表 4-2　电子层编号及其对应关系

电子层序号 n	1	2	3	4	5	6	7	…
对应符号	K	L	M	N	O	P	Q	…
电子的能量	电子离核由近到远,电子的能量由低到高 →

这样，电子就可以看成是在能量不同的电子层上运动。目前已知最复杂的原子，其电子层不超过 7 层。

2. 原子核外电子排布

人们根据实验结果，总结出了多电子原子中核外电子排布的规律。

① 能量最低原理。电子总是尽先排布在能量最低的电子层里，然后再由里往外，依次排布在能量逐渐升高的电子层里。

② 各电子层最多能够容纳的电子数为 $2n^2$ 个。例如，K 层（$n=1$）为 2 个，L 层（$n=2$）为 8 个，M 层（$n=3$）为 18 个，N 层（$n=4$）为 32 个……

③ 最外层电子数不超过 8 个（K 层为最外层时不超过 2 个），次外层电子数不超过 18 个，倒数第三层电子数不超过 32 个。

④ 最外层为 8 个电子时（除只有一个电子层的为 2 个电子外）为最稳定结构。

核电荷数为 1～20 的元素原子的核外电子排布情况见表 4-3。

表 4-3　核电荷数为 1～20 的元素原子的核外电子排布

核电荷数	元素名称	元素符号	各电子层电子数				
			K	L	M	N	O
1	氢	H	1				
2	氦	He	2				
3	锂	Li	2	1			
4	铍	Be	2	2			
5	硼	B	2	3			
6	碳	C	2	4			
7	氮	N	2	5			
8	氧	O	2	6			
9	氟	F	2	7			
10	氖	Ne	2	8			
11	钠	Na	2	8	1		
12	镁	Mg	2	8	2		
13	铝	Al	2	8	3		
14	硅	Si	2	8	4		
15	磷	P	2	8	5		
16	硫	S	2	8	6		
17	氯	Cl	2	8	7		
18	氩	Ar	2	8	8		
19	钾	K	2	8	8	1	
20	钙	Ca	2	8	8	2	

原子核外电子的排布可以用原子结构示意图来表示，如图 4-3 所示。

图中圆圈表示原子核，"＋"表示原子核带正电荷，数字表示核内质子数，弧线表示电子层，弧线上面的数字表示该层的电子数。

图 4-3　Na 和 Cl 的原子结构示意图

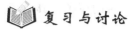 复习与讨论

1. 在多电子原子里，电子层是如何划分的？
2. 简述核外电子排布规律。

任务二　理解元素周期表与元素周期律

> **想一想**
>
> 元素周期表是按什么排列成的？它是如何反映元素性质的递变规律的？

目前已经发现的 114 种元素，按其核电荷数由小到大顺序的编号，称为原子序数。原子序数在数值上等于原子的核电荷数。

将电子层数相同的各种元素，按原子序数递增的顺序从左向右排成横行，再把不同横行中最外层电子数相同的元素按电子层数递增的顺序自上而下排成纵列，这样得到的表称为元素周期表。元素周期表的形式有多种，其中最常用的是长式周期表。

一、元素周期表的结构

 思考

元素周期表中的周期和族是如何划分的？

1. 周期

具有相同电子层数的元素，按原子序数递增的顺序从左向右排列成的一个横行，称为一个周期。已发现的元素中，核外最多有 7 个电子层，所以一共有 7 个周期。其中 1、2、3 周期称为短周期；4、5、6 称为长周期；7 周期为不完全周期。除第 1 周期只包括氢和氦、第 7 周期尚未填满外，每一周期的元素都是从最外层电子数为 1 的碱金属开始，逐渐过渡到最外层电子数为 7 的卤素，最后以最外层数为 8 的稀有气体元素结束。

$$周期的序数＝元素原子具有的电子层数$$

2. 族

元素周期表中有 18 个纵行，除第 8、9、10 三个纵行统称为第 Ⅷ 族外，其余 15 个纵行，每个纵行称为 1 族。由短周期和长周期共同构成的族叫 A 族（我国将 A 族也称为主族），分别用 Ⅰ A、Ⅱ A…表示，共有 8 个 A 族。主族元素的族序号就是该族元素原子的最外层电子数（除第 Ⅷ A 族外），也是该族元素的最高化合价。第 Ⅷ A 族是稀有气体元素，化学性质非常不活泼，在通常情况下不发生化学变化，其化合价为零。完全由长周期元素构成的族叫 B 族（我国将 B 族也称为副族），分别用ⅠB、ⅡB…表示，共有 8 个 B 族。副族元素又叫过渡元素。

1986 年 IUPAC 无机化学命名委员会正式将 18 族命名的长式周期表列入了《无机化学

《命名指导》一书，推荐使用。IUPAC 推荐的 18 族命名法是将周期表中每一纵行为一族，从左到右依次为第 1～第 18 族，将罗马数字改为阿拉伯数字作为族序编号。这样可以将外层电子排布的特征与族号紧密地联系起来（见书末元素周期表）。

本书两种族序划分方法同时使用，但要求学生务必熟悉两种划分方式之间的对应关系。

二、元素周期律

元素在周期表中的位置，反映了该元素的原子结构和一定的性质。因此，可以根据某元素在元素周期表中的位置，推测它的原子结构和某些性质；同样，也可以根据元素的原子结构，推测它在周期表中的位置。

1. 同周期元素性质的递变规律

同周期元素性质的递变规律见表 4-4。

表 4-4　同周期元素（11～17）性质的递变规律

核电荷数	11	12	13	14	15	16	17
元素名称	钠	镁	铝	硅	磷	硫	氯
元素符号	Na	Mg	Al	Si	P	S	Cl
最外层电子数	1	2	3	4	5	6	7
原子半径/nm	0.186	0.160	0.143	0.117	0.110	0.102	0.099
金属性与非金属性	非金属性逐渐增强 金属性逐渐增强						

金属性是指元素原子失去电子形成阳离子的能力；非金属性是指元素原子获得电子形成阴离子的能力。

金属性越强的金属元素，其单质越容易跟水或酸起反应，置换出氢，元素氧化物对应的水化物——氢氧化物的碱性越强，反之亦然；非金属性越强的非金属元素，其氧化物对应的水化物的酸性越强，元素与氢气直接化合成气态氢化物也越容易，且生成的气态氢化物也越稳定。

从第三周期元素性质的递变可以看出：同周期元素随着核电荷数的递增，最外层电子数从 1 变化到 7，原子半径逐渐减小，失电子的能力逐渐减弱，得电子的能力逐渐增强，金属性逐渐减弱，非金属性逐渐增强。

2. 同主族元素性质的递变规律

同主族元素性质的递变规律见表 4-5。

表 4-5　同主族元素性质的递变规律

元素名称	元素符号	核电荷数	电子层数	原子半径	性质变化	元素名称	元素符号	核电荷数	电子层数	原子半径	性质变化
锂	Li	3	2	0.152	金属性增强	氟	F	9	2	0.064	非金属性增强
钠	Na	11	3	0.186		氯	Cl	17	3	0.099	
钾	K	19	4	0.227		溴	Br	35	4	0.114	
铷	Rb	37	5	0.248		碘	I	53	5	0.133	
铯	Ce	55	6	0.265		砹	At	85	6		
钫	Fr	87	7								

从同一主族元素性质的递变可以看出：同一主族元素，随核电荷数的递增，电子层数增加，原子半径增大，失电子的能力逐渐增强，得电子的能力逐渐减弱，金属性逐渐增强，非金属性逐渐减弱。

综上所述，元素的金属性与非金属性，主要取决于原子的最外层电子数和原子半径。主族元素金属性和非金属性的变化规律见图 4-4。

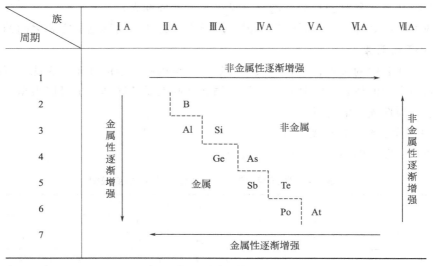

图 4-4 主族元素金属性和非金属性的变化规律

在图 4-4 中元素硼、硅、砷、碲、砹与铝、锗、锑、钋之间划一条分界线，线的左边是金属元素，右边是非金属元素。元素周期表中最右一列纵行为稀有气体。在元素周期表中，金属性最强的元素在左下方，非金属性最强的元素在右上方。

3. 元素化合价的递变

元素的化合价与原子的电子层结构有密切的关系，特别是最外层的电子数目有密切关系，有些元素的化合价还与它们原子的次外层或倒数第三层电子数有关。化学中把元素原子核外参加化学反应，能够决定化合价的电子称为价电子。

对于主族元素：价电子数＝最外层电子数＝族序数＝最高正化合价。

例如，主族元素 C 的最外层电子数是 4，属于 ⅣA 族，价电子数是 4，最高化合价为 +4。ⅦA 族元素 Cl 的负化合价是 -1，最高正化合价是 +7。

📖 **复习与讨论**

1. 给出某主族元素的原子序数，不看元素周期表，如何推断它位于元素周期表哪一周期，哪一族？

2. 同一周期的元素，其原子半径、金属性和非金属性是如何递变的，同一主族的元素，其原子半径、金属性和非金属性是如何递变的？

3. 对于主族元素来说，其化合价与其最外层电子数有何关系？

任务三　初步了解化学键

想一想

原子是怎样相互结合而形成分子的？

原子既然可以结合成分子，原子之间必然存在着相互作用。化学上，把分子内相邻的两个或多个原子（或离子）之间强烈的相互作用力，叫化学键。每一种原子都有使最外层电子达到 8 个电子（第一周期的为 2 个）稳定结构的趋势，所以，原子间采用不同的成键方式。

一、离子键

活泼金属和活泼非金属很容易反应，它们的原子可以失去或得到电子而趋向于使核外电子层结构形成稳定状态。例如，金属钠在氯气中燃烧生成氯化钠的反应：

$$2Na + Cl_2 == 2NaCl$$

上述反应的过程是：当钠跟氯气起反应时，钠原子的最外电子层的 1 个电子转移到氯原子的最外电子层上去，形成了带正电荷的钠离子（Na^+）和带负电荷的氯离子（Cl^-）。钠离子和氯离子之间除了有静电相互吸引的作用外，还有电子与电子、原子核与原子核之间的相互排斥作用。当吸引力和排斥力达到相等时，阴、阳离子之间就形成了稳定的化学键。

 思考

什么叫离子键？怎样用电子式表示离子化合物的形成？

在化学反应中，一般是原子的最外层电子发生变化。为简便起见，可在元素符号周围用小圆点（或×）来表示原子的最外层电子数，这种式子称为电子式。例如：

$$H\cdot \qquad Na\cdot \qquad \cdot Mg\cdot \qquad \cdot Ca\cdot \qquad :\overset{\cdot\cdot}{\underset{\cdot\cdot}{Cl}}\cdot$$

氢原子　　　　钠原子　　　　镁原子　　　　钙原子　　　氯原子

离子化合物氯化钠的形成过程，也可以用电子式表示如下：

$$Na\overset{\times}{\frown}\underset{\cdot\cdot}{\overset{\cdot\cdot}{Cl}}: \longrightarrow Na^+[\overset{\cdot\cdot}{\underset{\cdot\cdot}{\overset{\times}{Cl}}}:]^-$$

像氯化钠这样，阴、阳离子间通过静电作用所形成的化学键叫做离子键。

活泼金属（如钾、钠、钙等）与活泼非金属（如氯、溴等）化合时，都形成离子键。通过离子键形成的化合物叫做离子化合物。

二、共价键

 思考

什么是共价键？怎样用电子式表示共价键的形成？

1. 共价键

在通常状况下，当一个氢原子和另一个氢原子相接近时，就相互作用而生成氢分子。在形成氢分子过程中，电子不是从一个氢原子转移到另一个氢原子，而是在两个氢原子间共用两个电子，形成共用电子对。这两个共用的电子对在两原子核周围运动。因此，每个氢原子具有氦原子的稳定结构。

氢分子的生成可以用电子式来表示

$$H\cdot + \cdot H \longrightarrow H:H$$

在化学上常用一根短线表示一对共用电子对，因此氢分子又可表示为 H—H。

像氢分子那样，原子间通过共用电子对所形成的化学键，称为共价键。

非金属元素的原子化合时，一般都能形成共价键。通过共价键形成的化合物叫做共价化合物。

2. 非极性键和极性键

通过共价键形成的分子称为共价分子，它既包括单质分子又包括化合物分子。

在单质分子中，同种原子形成共价键，两个原子吸引电子的能力相同，共用电子对不偏向任何一个原子，因此成键的原子都不显电性。这样的共价键称为非极性共价键，简称非极性键。在 H_2、Cl_2、O_2、N_2 等双原子单质分子中的共价键都是非极性共价键。

在化合物分子中，不同种原子形成的共价键，由于不同原子吸引电子的能力不同，共用电子对必然偏向吸引电子能力强的原子一方，因而吸引电子能力较强的原子带部分负电荷，吸引电子能力较弱的原子带部分正电荷。这样的共价键叫做极性共价键，简称极性键。在 HCl、H_2O、CO_2、NH_3 中的共价键是极性共价键。

3. 非极性分子和极性分子

如果分子中的键都是非极性的，共用电子对不偏向任何一个原子，这样的分子称为非极性分子。以非极性键结合而成的双原子分子都是非极性分子。如 H_2、O_2、Cl_2、N_2 等。

以极性键结合的双原子分子，如 HCl 分子里，共用电子对偏向氯原子，因此氯原子一端相对地显负电性，氢原子一端相对地显正电性，这样的分子叫做极性分子。以极性键结合的双原子分子都是极性分子。

以极性键结合成的多原子分子，可能是极性分子，也可能是非极性分子，这决定于分子中各键的空间排列。

例如，二氧化碳是直线型分子，两个氧原子对称地位于碳原子的两侧。二氧化碳是非极性分子。

以极性键结合空间结构不对称的分子为极性分子。如 H_2O、NH_3 等。

 复习与讨论

活泼金属与活泼非金属化合时通常形成什么键？非金属元素之间通常以什么键化合？

知识窗　　　　　**元素周期律的发现**

1867年，俄国圣彼德堡大学里来了一位年轻的化学教授，他就是门捷列夫（1834—1907）。他手里总捏着一副纸牌，颠来倒去，反复重排。

两年后的一天，俄罗斯化学会召开学术讨论。三天来大家各抒己见，只有门捷列夫一个人一言不发，只是瞪着一双大眼睛看，竖起耳朵听，有时皱起眉头想想。

眼看讨论就要结束了，主持人躬身说道："门捷列夫先生，不知您可有什么高见？"门捷列夫不说话，起身走到桌子中央，右手随即从口袋里取出一副纸牌甩在桌子上，在场的人都大吃一惊，门捷列夫爱玩纸牌，但他不会到这么严肃的场合来开玩笑吧？

只见门捷列夫将那一把杂乱的纸牌捏在手里，三下两下便整理好，一一亮给大家看。大家这时才发现这并不是一副普通的纸牌，每张牌上都写着一种元素的名称、性质、原子量等，共63张，代表着当时已发现的63种元素。更奇怪的是，这副纸牌中有红、橙、黄、绿、青、蓝、紫7种颜色。

门捷列夫只一会儿工夫就在桌子上列成一个牌阵：竖看是红、橙、黄、绿、青、蓝、紫每种颜色一列，横看那7种颜色的就像画出的光谱段，有规律地每隔7张就重复一次。然后门捷列夫熟练地讲着每种元素的性质，如数家珍。周围的人都傻眼了。但一直坐在旁边观看的门捷列夫的老师却十分生气。

门捷列夫坚信自己是对的，回家后继续摆弄这副纸牌，遇到什么地方接连不上时，他就断定还有新元素没被发现，他就暂时补一张空牌，这样他一口气预言了11种未知元素，那副纸牌已是74张。这就是最早的元素周期表。

在随后的几年中，门捷列夫预言的11种元素陆续被发现，特别是后来发现的氦、氖、氩、氪、氙和氡又给元素周期表增加了新的一族。

单 元 小 结

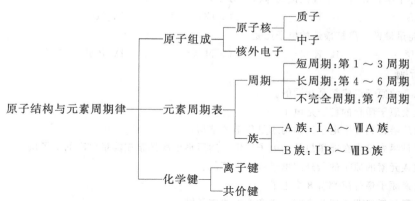

同周期元素性质递变规律：从左到右（稀有气体除外），元素的金属性逐渐减弱；非金属性逐渐增强。

同主族元素性质递变规律：从上到下，元素的金属性逐渐增强；非金属性逐渐减弱。

学 习 反 馈

一、选择题

1. 决定元素种类的是（　　　）。

    A. 电子数　　　　　　B. 质量数　　　　　　C. 质子数　　　　　　D. 中子数

2. 下列微粒互为同位素的是（　　　）。

    A. $_{18}^{40}Ar$ 和 $_{19}^{40}K$　　　　B. $_{20}^{40}Ca$ 和 $_{20}^{42}Ca$　　　　C. $_{8}^{17}O$ 和 $_{17}^{35}Cl$　　　　D. $_{19}^{40}K$ 和 $_{20}^{40}Ca$

3. 关于 $_{17}^{35}Cl$，下列说法正确的是（　　　）。

    A. 它有 35 个电子，18 个中子，17 个质子

    B. 它有 17 个质子，17 个电子，18 个中子

    C. 它有 17 个质子，35 个电子，18 个中子

    D. 它有 17 个质子，17 个电子，35 个中子

4. 在 L 层最多容纳的电子数是（　　　）。

    A. 2　　　　　　　　B. 4　　　　　　　　C. 8　　　　　　　　D. 16

5. 下列微粒中半径最大的是（　　　）。

    A. 中子　　　　　　　B. 质子　　　　　　　C. 电子　　　　　　　D. 原子

6. 下列金属与水反应最剧烈的是（　　　）。

    A. 铍　　　　　　　　B. 镁　　　　　　　　C. 钙　　　　　　　　D. 钡

7. 下列氢化物中最稳定的是（　　　）。

    A. HI　　　　　　　　B. HBr　　　　　　　C. HCl　　　　　　　D. HF

8. 下列物质属于离子化合物的是（　　　）。

    A. NH_3　　　　　　　B. HBr　　　　　　　C. O_2　　　　　　　D. $MgCl_2$

9. 下列物质中存在非极性键的是（　　　）。

    A. H_2S　　　　　　　B. HBr　　　　　　　C. Cl_2　　　　　　　D. NH_3

10. 下列分子属于极性分子的是（　　　）。

    A. HI　　　　　　　　B. O_2　　　　　　　C. N_2　　　　　　　D. H_2

11. 下列分子中，具有属于极性键的极性分子是（　　　　）。

    A. CH_4 B. H_2O C. CO_2 D. CS_2

12. 下列分子中，具有属于极性键的非极性分子是（　　　　）。

    A. H_2S B. H_2O C. CO_2 D. HI

13. 下列能量最低、离核最近的电子层是（　　　　）。

    A. M 层   B. K 层   C. N 层   D. P 层

二、判断题

1. 同种元素的原子组成都是相同的。　　　　　　　　　　　　　　　　　　　　　（　　　）

2. 决定元素原子质量的粒子是电子。　　　　　　　　　　　　　　　　　　　　　（　　　）

3. 只有最外层达到 8 个电子的结构才是稳定的结构。　　　　　　　　　　　　　　（　　　）

4. 电子总是尽先排布在能量最低的电子层里，然后再依次排布在能量较高的电子层里。（　　　）

5. 同一主族元素的原子的最外层电子数一定相同。　　　　　　　　　　　　　　　（　　　）

6. 惰性元素原子最外层都有 8 个电子。　　　　　　　　　　　　　　　　　　　　（　　　）

7. 活泼金属与活泼非金属化合时，通常能形成离子键。　　　　　　　　　　　　　（　　　）

8. 由非极性键形成的双原子分子都是非极性分子。　　　　　　　　　　　　　　　（　　　）

9. HCl 是极性分子。　　　　　　　　　　　　　　　　　　　　　　　　　　　　（　　　）

三、填空题

1. 原子是由位于原子中心带正电荷的_____和核外带负电荷的_____构成的。原子核又由_____和_____构成，_____带正电，_____不带电，整个原子呈电中性。

2. 在 $_6^{12}C$ 中含有_____个质子，_____个中子，_____个电子。它的质量数等于_____。它的原子结构示意图为_____。碳原子在元素周期表中位于_____周期_____族。碳的最高正价为_____，负价为_____。气态氢化物的化学式为_____。

3. 在元素周期表中，同周期元素的原子具有相同的_____，某一元素所在的周期数与它的_____相等。同主族元素的原子_____相同，主族的族数与_____相等。

4. 元素的金属性是指_____。

5. 元素的非金属性是指_____。

6. 同周期的元素从左到右_____性逐渐减弱，_____性逐渐增强。

7. 同主族的元素由上往下，金属性逐渐_____，非金属性逐渐_____。

8. 金属性越强的金属其最高价氧化物对应的水化物的碱性越_____。非金属性越强的非金属其最高价氧化物对应的水化物的酸性越_____，其气态氢化物的稳定性越_____。

9. Ca^{2+} 核外有 18 个电子，核内有 20 个中子，其核内质子数是_____，原子的质量数是_____。

四、问答题

1. 比较下列各组中的两种元素的金属性或非金属性的强弱。

(1) Na 和 K   (2) Al 和 B   (3) P 和 Cl   (4) O 和 S

2. 根据元素在周期表中的位置，比较下列各组化合物水溶液酸碱性的强弱？

(1) H_3PO_4 和 HNO_3 (2) $Ca(OH)_2$ 和 $Mg(OH)_2$ (3) $Al(OH)_3$ 和 $Mg(OH)_2$

五、推断题

A、B、C 三种主族元素，原子核外都有三个电子层，最外层电子数分别是 3、7 和 8。三种元素的原子序数：A_____，B_____，C_____。A、B 元素的最高正化合价分别是_____和_____，B 元素的负价是_____，C 元素的化合价是_____。三种元素的名称分别是：A_____，B_____，C_____。A 元素的最高价氧化物的化学式是_____，B 元素的气态氢化物的化学式是_____。

单元五　化学反应速率和化学平衡

任务目标

1. 能理解化学反应速率。
2. 能掌握影响化学反应速率的因素。
3. 会写化学平衡常数表达式，能应用化学平衡常数确定反应物、生成物浓度。
4. 能应用化学平衡的原理确定平衡移动的方向。

任务一　确定影响化学反应速率的因素

各种化学反应进行的有快有慢，如物质的燃烧、炸药的爆炸、照相底片的感光、酸碱溶液的中和反应等瞬时就能完成；而有的反应则进行得很慢，如岩石的风化、金属的腐蚀、塑料及橡胶的老化等，在短时间内很难觉察；而煤、石油的形成就要经过几十万年甚至亿万年的时间。化学反应进行的快慢对科学研究、实际生产、生活有很大的影响。掌握了有关化学反应速率的规律，就可以根据科学研究、生产和生活的需要，采取适当的措施，改变或控制反应进行的快慢，为人类所利用。尽量加快有利于人类的化学反应速率，尽量减缓有害的反应速率。

化学反应速率通常用单位时间（如每秒、每分或每小时等）内反应物浓度的减少或生成物浓度的增加来表示。常用单位为 $mol \cdot L^{-1} \cdot s^{-1}$ 或 $mol \cdot L^{-1} \cdot min^{-1}$。

$$化学反应速率 = \frac{浓度的变化}{变化所需要的时间}$$

想一想

外界条件对化学反应速率是否产生影响？在炼钢、合成树脂、合成橡胶等化工生产过程中，通过调节哪些外界条件来提高反应的速率？

对于某些反应，通常可以通过观察在同一时间内反应物减少或生成物增加的快慢，作出对这个反应速率的定性判断。

动手操作

【实验5-1】取两支试管，分别加入 4mL $3mol \cdot L^{-1}$ HCl 溶液。然后在第一支试管中加入约 0.1g 镁带，同时在第二支试管中加入等量铁片，观察实验现象。

实验记录：

实　验	实　验　现　象	结　　论
Mg＋HCl 溶液		
Fe＋HCl 溶液		

试一试：

用等量的金属铜代替其中的镁带做同样的实验，结果会怎样？

实验结果发现，两支试管中都有氢气生成，但第一支试管中的镁带减少较快，而第二支试管中的铁片减少的比较慢。由此可见，镁与盐酸的反应速率比铁与盐酸的反应速率要快。

实验表明，在相同的外界条件下，不同的化学反应具有不同的反应速率。化学反应速率，首先取决于参加反应物质本身的性质。然而对于某一个具体的反应，外界条件如浓度、压力、温度、催化剂等对化学反应速率是否也有着不可忽略的影响？

合成氨反应为：

$$3H_2(g) + N_2(g) \Longleftrightarrow 2NH_3(g) + 92.4kJ \cdot mol^{-1}$$

如何选择适宜的反应条件来加快反应速率？

一、浓度对反应速率的影响

反应：

$$Na_2S_2O_3 + H_2SO_4(稀) \Longrightarrow Na_2SO_4 + S\downarrow + SO_2 + H_2O$$

若改变 $Na_2S_2O_3$ 或 H_2SO_4 的浓度，反应速率将会如何变化？

动手操作

【实验 5-2】取 A、B 两支试管，在 A 试管中加入 $0.1mol \cdot L^{-1}$ 的 $Na_2S_2O_3$ 溶液 5mL；在 B 试管中先加入 $0.1mol \cdot L^{-1}$ $Na_2S_2O_3$ 溶液 2mL，另外加入 3mL 蒸馏水稀释。另取 C、D 两支试管，各加入 $0.1mol \cdot L^{-1}$ H_2SO_4 溶液 5mL。然后同时分别倒入 A、B 两支试管中，观察实验现象。

实验记录：

实　验	实 验 现 象	结　　论
试管 A		
试管 B		

试一试：

用 10mL $0.1mol \cdot L^{-1}$ 硫代硫酸钠溶液分别与 10mL $0.1mol \cdot L^{-1}$ 和 10mL $0.05mol \cdot L^{-1}$ 的硫酸溶液反应，哪个反应速率较大？

实验结果发现：$Na_2S_2O_3$ 溶液浓度大的试管 A 先出现浑浊。根据生成浑浊物的快慢，可以判断试管 A 的反应速率快，这就证明，增大反应物的浓度可以加快化学反应速率。

大量的实验证明，当其他条件不变时，增大反应物浓度，单位体积发生反应的分子数增加，反应速率会加快；减小反应物的浓度，单位体积发生反应的分子数减少，反应速率会减小。

实验证明，对于只需一步就能完成的反应，叫做简单反应（也称基元反应）。例如：

$$2NO + O_2 \Longrightarrow 2NO_2$$

在一定温度下，其反应速率与反应物的浓度有如下的关系：

$$v \propto c^2(NO)c(O_2)$$

当其他条件不变时，基元反应速率与各反应物浓度的幂乘积成正比（浓度的指数为化学反应方程式中各相应反应物的化学计量系数），这一规律称为质量作用定律。在一定条件下，对于任何一个基元反应：

$$mA + nB \Longrightarrow pC + qD$$
$$v = kc^m(A)c^n(B)$$

式中　v——反应速率，$mol \cdot L^{-1} \cdot s^{-1}$；

　　　k——速率常数。

二、压力对化学反应速率的影响

 思考

恒温下，将发生基元反应 $2NO + O_2 \overset{}{=\!=\!=} 2NO_2$ 的体系压力增大一倍时，反应速率将如何变化？

对于一定量的气体，当温度一定时，气体的体积与其所受的压力成反比。增大压力，气体的体积缩小，浓度增大。如果气体的压力增大到原来的二倍，气体的体积就缩小到原来的一半，单位体积内分子数就增大到原来的二倍，即浓度增大到原来的二倍。压力对气体体积的影响，如图 5-1 所示。

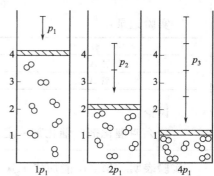

图 5-1　压力对气体体积的影响

设上述反应增压前 $c_1(NO) = a$，$c_1(O_2) = b$，则：
$$v_1 = kc_1^2(NO)c_1(O_2) = ka^2b$$

压力增大一倍时，气体体积缩小到原来的 1/2，则浓度增大到原来的 2 倍，即：
$$c_2(NO) = 2a，\quad c_2(O_2) = 2b$$
$$v_2 = kc_2^2(NO)c_2(O_2) = (2a)^2(2b) = 8a^2b = 8v_1$$

通过上式得出，压力增大一倍，该反应速率增大到原来的 8 倍。所以，对于有气体参与的反应来说，增大压力，相当于增大反应物的浓度，因而反应速率加快；反之，减小压力，反应物浓度减小，则反应速率也减小。

三、温度对化学反应速率的影响

升高反应 $Na_2S_2O_3 + H_2SO_4(稀) \overset{}{=\!=\!=} Na_2SO_4 + S\downarrow + SO_2 + H_2O$ 的温度，反应速率将如何变化？

动手操作

【实验 5-3】取 A、B 两支试管，分别加入 $0.1mol \cdot L^{-1}$ 的 $Na_2S_2O_3$ 溶液 5mL；另取 C、D 两支试管，分别加入 $0.1mol \cdot L^{-1}$ H_2SO_4 溶液 5mL。首先把 A、C 两支试管组成一组，B、D 两支试管组成另一组。然后，把 A、C 一组试管插入冷水里，同时将 B、D 一组试管插入热水里。10 分钟后，同时分别将两组试管的溶液混合，仔细观察这两组混合溶液的试管中出现浑浊现象的快慢。

实验记录：

实　验	实　验　现　象	结　论
试管 A		
试管 B		

讨论：

为什么升高温度，化学反应速率会加快？

实验结果表明：插在热水中的试管 B 首先出现浑浊现象，而插在冷水中的试管 A 则很久才出现浑浊现象。说明升高温度，化学反应速率加快。

大量实验证明，对于一般的化学反应，温度每升高 10℃，反应速率约增加 2～4 倍。

同理，降低温度，化学反应速率减小。

四、催化剂对化学反应速率的影响

动手操作

【实验 5-4】在 A、B 两支试管中，各加入 5mL 3‰ H_2O_2 溶液，再向试管 B 中加入少量的 MnO_2，仔细观察两支试管中反应现象。

反应式：

$$2H_2O_2 \xrightarrow{\text{MnO}_2} 2H_2O + O_2 \uparrow$$

实验记录：

实　验	实验现象	结　论
试管 A		
试管 B		

讨论：

什么叫催化剂？催化剂一定能加快化学反应速率？

实验表明，MnO_2 能加快 H_2O_2 的分解，说明 MnO_2 对该反应有催化作用。像这种有催化剂参加的反应称为催化反应。在催化剂作用下，反应速率发生改变的现象叫催化作用。凡能改变反应速率，而它本身的组成、质量和化学性质在反应前后保持不变的物质，称为催化剂。

催化剂在现代化学和化工生产中占有极为重要的地位，例如，上海金山石化厂在石油化工生产中采用了几百种催化剂。通过使用性能良好的催化剂，能够大幅度的提高化学反应速率，这就使许多在一般条件下不能产生效益的反应在生产中具有经济效益。然而，在实际生产中，有些催化剂却不是用来提高化学反应速率，而是为了降低反应速率。我们把这种能起到延缓反应速率的催化剂，称为阻催化剂（也称负催化剂）。例如，生产橡胶制品时掺进的防老剂；为延缓金属腐蚀而使用的缓蚀剂；为防止油脂变质而加入的抗氧剂等，均可认为是阻催化剂。在本书中提到的催化剂，若没加说明，都是指能加快反应速率的正催化剂。

催化剂具有特殊的选择性。其一是指某种催化剂只能对某一种特定反应起催化作用。例如 V_2O_5 对 SO_2 的氧化反应是有效的催化剂，而对合成氨却无效。其二是指同一反应物通过选取不同的催化剂，可以进行不同的反应。例如，用乙醇为原料，选用不同的催化剂可以获得不同的产物。

在炼钢、合成树脂、合成橡胶等化工生产过程中，可以通过调节外界条件，如升高温度、增加反应物的浓度、增大压力、加入合适的催化剂等来加快化学反应速率，从而提高生产的经济效益。

复习与讨论

1. 为什么冷冻食品可以延长食品的保鲜期？
2. 催化剂在任何反应中是否都可以加快反应速率？
3. 反应物若为固态或纯液体，增加反应物的量或增大压力，是否加快反应速率？
4. 举例说明在生产、生活和化学实验中，人们是怎样加速或延缓化学反应速率的？

任务二　确定化学平衡特征

在化学研究和化工生产中，只考虑反应速率是远远不够的。对许多化学反应，除了要求尽可能快地进行反应外，还要使反应物尽可能多地被利用，即有多少反应物转化为生成物，这就涉及化学反应平衡的问题。化学平衡主要是研究可逆反应进行程度的规律。

想一想

在可逆反应中，正、逆反应共处于同一体系内，在密闭容器中反应物能不能完全转化为生成物？在反应过程中，化学反应速率又如何变化？

例如，合成氨的反应同样是一个可逆反应：

$$N_2 + 3H_2 \rightleftharpoons 2NH_3$$

在 873K 和 $2.0205 \times 10^6 Pa$ 下，将体积比为 1：3 的氮、氢混合气体，密闭于有催化剂的容器里，使二者发生反应，结果只得到含 9.2% 氨的混合气体，未反应的氮、氢气体为 90.8%。若在相同条件下，往密闭容器里通入氨气，使它发生分解反应，最后得到相同的结果。由此可见，在密闭容器中发生的可逆反应，反应物不可能完全转化为生成物。这是什么原因呢？用可逆反应中正、逆反应速率的变化来探索其原因。

当反应开始时（t_0），反应物 H_2 和 N_2 的浓度最大，因而它们化合生成氨气的正反应速率（$v_正$）最大；而生成物 NH_3 的浓度为零，因而它分解生成 H_2 和 N_2 逆反应的速率（$v_逆$）也为零［图 5-2（a）］。

随着反应的进行（由 $t_0 \rightarrow t_1$），反应物 H_2 和 N_2 的浓度逐渐减小；而生成物 NH_3 的浓度逐渐增大，逆反应速率随之逐渐增大［图 5-2（b）］。

如果外界条件不变，反应进行到一定时刻（t_2），正反应和逆反应的速率相等（$v_正 = v_逆$）［图 5-2（c）］，此时反应物和生成物的浓度不再发生变化。即在单位时间内，正反应消耗氮、氢的分子数恰好等于逆反应中由氨气分解生成的氮、氢的分子数。此时，反应体系中各物质的浓度不再发生变化，正、逆反应达到了平衡状态。

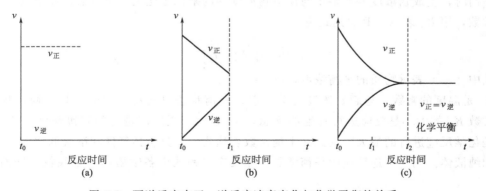

图 5-2　可逆反应中正、逆反应速率变化与化学平衡的关系

在一定条件下，当可逆反应进行到正、逆反应速率相等时的状态，叫做化学平衡。化学平衡的特征是：当外界条件不变时，反应体系中各物质的浓度不再改变，而且无论反应以正、逆反应哪个方向趋于平衡，结果都相同；当反应处于平衡状态时，反应并没有停止，此

时正反应速率等于逆反应速率，因此化学平衡是一个动态平衡。

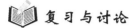 **复习与讨论**

1. 化学反应达到平衡时，反应混合物中各组分的质量分数是否为定值？
2. 若外界条件不变，可逆反应无论是从正反应开始，还是从逆反应开始，是否都可建立同一平衡状态？

任务三　确定平衡常数和平衡组成

想一想

相同的温度下，在某一个特定的可逆反应中，引入不同的反应物的起始浓度，并使它们达到平衡状态，生成物浓度与反应物浓度间的关系如何？

在密闭容器的可逆反应 $H_2 + I_2 \rightleftharpoons 2HI$ 体系中，加入不同的 H_2 和 I_2 的起始浓度，在相同温度下，使其达到平衡状态。测得各物质的平衡浓度，及反应物浓度与生成物浓度之间的关系如表 5-1 所示。

表 5-1　平衡系统 $H_2 + I_2 \rightleftharpoons 2HI$ 各物质的浓度（700K）

实例	反应前浓度/mol·L^{-1}			平衡时浓度/mol·L^{-1}			平衡时比值
	$c(H_2) \times 10^3$	$c(I_2) \times 10^3$	$c(HI) \times 10^3$	$[H_2] \times 10^3$	$[I_2] \times 10^3$	$[HI] \times 10^3$	$[HI]^2/[H_2][I_2]$
1	11.3367	7.5098	0	4.5647	0.7378	13.544	54.468
2	10.6773	10.7610	0	2.2523	2.3360	16.850	53.964
3	10.6663	11.9642	0	1.8313	3.1292	17.671	54.492

由表中数据可以看出，虽然每个平衡体系中各反应物的浓度并不相同，但是生成物浓度幂的乘积与反应物浓度幂的乘积之比几乎相等，即该比值是一个常数。

总结许多化学实验结果得出，对于任何一个可逆反应 $mA + nB \rightleftharpoons pC + qD$ 在某温度下达到平衡时，生成物浓度幂的乘积与反应物浓度幂的乘积之比是一个常数，该常数即为化学平衡常数，用 K_c 表示。其表达式为：

$$K_c = \frac{[C]^p [D]^q}{[A]^m [B]^n}$$

式中 [　] 表示物质的平衡浓度，mol·L^{-1}。

K_c 是温度的常数，与起始浓度无关，它是平衡状态时的特征常数，与平衡历程无关。平衡常数 K_c 的大小是反应进行程度的标志，K_c 越大，正反应进行的程度越大。化学平衡状态是化学反应进行的最大限度。在平衡常数表达式中，只包括气体和溶液的浓度，不包括固体和纯液体。同一可逆反应的平衡常数，随反应方程式中各物质的计量系数不同而不同。例如

$$Fe_3O_4(s) + 4H_2(g) \rightleftharpoons 3Fe(s) + 4H_2O(g)$$

$$K_c = \frac{[H_2O(g)]^4}{[H_2]^4}$$

$$H_2 + I_2 \rightleftharpoons 2HI$$

$$K_c = \frac{[\text{HI}]^2}{[\text{H}_2][\text{I}_2]}$$

$$\frac{1}{2}\text{H}_2 + \frac{1}{2}\text{I}_2 \rightleftharpoons \text{HI}$$

$$K_c' = \frac{[\text{HI}]}{[\text{H}_2]^{1/2}[\text{I}_2]^{1/2}}$$

复习与讨论

1. 如何判断一个反应是否达到平衡状态？

2. 某温度下，可逆反应 $2\text{SO}_2(\text{g}) + \text{O}_2(\text{g}) \rightleftharpoons 2\text{SO}_3(\text{g})$ 在密闭容器中进行，起始时 SO_2 的浓度为 $0.4\text{mol} \cdot \text{L}^{-1}$，$\text{O}_2$ 的浓度为 $1.0\text{mol} \cdot \text{L}^{-1}$，平衡时 SO_2 的转化率为 80%，确定平衡时各物质的浓度和平衡常数。

任务四　确定化学平衡移动的方向

想一想

对于一个已经达到化学平衡的可逆反应，若外界条件改变、平衡状态是否会改变？改变外界条件时，若正反应速率增大，逆反应速率是否也一定会增大？

一、浓度对化学平衡的影响

动手操作

【实验 5-5】在一个小烧杯中，加入 10mL 0.01mol·L^{-1} FeCl$_3$ 溶液和 10mL 0.1 mol·L^{-1} KSCN（硫氰酸钾）溶液，混匀，观察到溶液立即呈现红色。将此溶液平均分到 A、B、C 三支试管中，然后在 A 试管中加入 0.5mL 1mol·L^{-1} FeCl$_3$ 溶液，在 B 试管中加入 0.5mL 1mol·L^{-1} KSCN 溶液，C 试管中加入 0.5mL 1mol·L^{-1} KCl 溶液，充分摇荡。观察 A、B、C 三支试管中溶液颜色的变化情况，并与 C 试管进行比较。

实验记录：

实　验	实 验 现 象	结　论
试管 A		
试管 B		
试管 C		

讨论：

为什么增大反应物的浓度生成物会增多，而加了 KCl 溶液后生成物却减少了？

从以上实验现象可知，在原反应平衡混合物中，加入 FeCl$_3$ 溶液或 KSCN 溶液后，溶液的颜色都变深了。这说明增大反应物的浓度，由于正反应的速率大于逆反应的速率而促使化学平衡向正方向移动，生成更多的 Fe(SCN)$_3$。由此可见，增大任何一种反应物的浓度，都会使化学平衡向正反应方向移动。

从大量的实验可知，浓度对化学反应的影响为：对于任何可逆反应，在其他条件不变的情况下，增大反应物（或减小生成物）的浓度，都可以使平衡向正反应方向移动；增大平衡体系中生成物（或减少反应物）的浓度，都可以使平衡向逆反应方向移动。

在生产硫酸工业上，常用通入过量的空气使 SO_2 充分氧化，以生成更多的 SO_3。同样可以采取将生成物不断地从体系中分离出来的方法，使反应更好的向正反应方向进行。例如，在合成氨的反应中，就是将生成的合成氨，不断地从反应的混合物中分离出来，提高氨的产率。

二、压力对化学平衡的影响

动手操作

【实验 5-6】用注射器吸入 NO_2 和 N_2O_4 的混合气体，吸管端用橡皮塞封闭。先向外拉伸注射器活塞，观察管内气体颜色变化；再向内推压注射器活塞，观察管内气体颜色变化。

$$2NO_2(g) \rightleftharpoons N_2O_4(g)$$
$$（红棕色）\qquad （无色）$$

实验记录：

实　验	实 验 现 象	结　论
拉伸注射器		
推压注射器		

讨论：

对于反应物和生成物都是液体或固体的可逆反应，改变压力是否影响化学平衡？为什么？

实验表明：当活塞向外拉伸时，气体的颜色先变浅再变深；当注射器的活塞向内推时，气体的颜色先变深再变浅。对于有气体参加的可逆反应，当化学反应处于平衡状态时，如果改变压力，气态物质的浓度随之发生改变，就会使化学平衡发生移动。当活塞向外拉伸时，注射器内体积增大，气体的压力减小，浓度也随之减小，导致颜色变浅；混合气体颜色逐渐变深是因为化学平衡向着生成 NO_2 的方向移动，生成了更多的 NO_2。当注射器的活塞向内推时，增大了气体的压力，两种气体的浓度也随之同比例的增大，导致颜色变深；混合气体颜色逐渐变浅是由于化学平衡向着生成 N_2O_4 的正反应方向移动，生成了更多的 N_2O_4。

由实验结果得出：对于有气体参加的反应，在其他条件不变的情况下，增大压力会使化学平衡向着气体体积（或分子）总数减小的方向移动；减小压力，会使化学平衡向着气体体积（或分子）总数增大的方向移动。

在生产硫酸工业上，常用增大体系的压力使 SO_2 充分氧化，以生成更多的 SO_3。

三、温度对化学平衡的影响

例如，可逆反应 $2NO_2$（红棕色）$\rightleftharpoons N_2O_4$（无色）$+Q$（正反应为放热反应），若升高或降低反应体系温度，化学平衡是否会移动呢？

动手操作

【实验 5-7】 如图 5-3 所示，在 A、B 两个连通着的烧瓶中，分别装有 NO_2 与 N_2O_4。待混合气体达到平衡后，用夹子夹住橡皮管，将 A 烧瓶放入盛有热水的烧杯里，将 B 烧瓶放入盛有冰水的烧杯里，观察混合气体颜色的变化，并与常温时盛有相同混合气体的 C 烧瓶中的颜色比较。

实验记录：

实　　验	实　验　现　象	结　　论
烧瓶 A		
烧瓶 B		

讨论：

在其他条件不变时，升高温度对反应 $2HI \Longleftrightarrow H_2 + I_2 - Q$（正反应为吸热反应）的化学平衡有何影响？

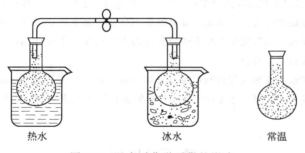

热水　　　　　　冰水　　　　　　常温

图 5-3　温度对化学平衡的影响

由实验看出，放入热水中的烧瓶内的混合气体的颜色变深了，而放入冰水中的烧瓶内的混合气体的颜色变淡了，这说明温度的改变会破坏原来的化学平衡。升高温度，上述化学反应向正反应方向移动；降低温度，上述反应向逆反应方向移动。

化学反应总是伴随着能量变化，凡是释放热量的反应叫放热反应；凡是吸收能量的反应称为吸热反应。在一个可逆反应中，如果正反应是吸热反应，则逆反应一定是放热反应，而且热值是相同的。

由实验得出，温度对可逆反应的影响为：在其他条件不变的情况下，升高温度，化学平衡向吸热反应方向移动；降低温度化学平衡向放热反应的方向移动。

在化工生产中经常使用催化剂，催化剂是否也会改变化学平衡状态呢？大量的实验和理论都可以证明，催化剂能同等程度地增大正、逆反应的速率，因此它对化学平衡的移动不影响。但是，当使用了催化剂后，能大大缩短反应达到平衡所需要的时间，因此在化工生产中广泛使用催化剂。

综合浓度、压力、温度等外界条件变化对化学平衡移动的影响，可以概括成一条原理：若改变平衡体系的条件之一（如浓度、压力、温度等），平衡就向着能减弱这种改变的方向移动，这个原理称为勒沙特列（H. L. Le Chatelier，法国化学家）原理，也叫平衡移动原理。

复习与讨论

1. 对于反应前后气体分子总数相等的可逆反应，如：$CO + H_2O(g) \rightleftharpoons CO_2 + H_2$，$H_2 + I_2 \rightleftharpoons 2HI$ 等，改变体系的压力，化学平衡是否移动？为什么？

2. 用 N_2 和 H_2 合成氨的反应（放热反应），为什么要在 Fe 催化剂、高温（723～783K）和高压（10132.5～30397.5kPa）下进行？

3. 在生产 H_2SO_4 时，用空气来氧化 SO_2 生成 SO_3：

$$2SO_2(g) + O_2(g) \rightleftharpoons 2SO_3(g) + Q$$

当在一定量温度下建立平衡时，下列情况能否引起平衡移动？向何方向移动？

A. 通入过量的空气   B. 增大系统的压力   C. 升高反应温度

D. 及时分离出 SO_3 E. 延长反应时间   F. 取出催化剂

知识窗   新型催化剂让太阳能直接转化成氢能源

氢能是未来最重要的能源之一，太阳是地球上最重要的能量来源。德国科学家开发出了一种新型半导体催化剂，它能够让太阳能直接"劈开"水分子得到氢气，而不需要电的介入。

领导该项研究的是德国马普生物无机化学研究所（Max Planck Institute for Bioinorganic Chemistry）的 Martin Demuth，他和他的同事利用的新型催化剂源自二硅化钛（$TiSi_2$），一种具有特殊光电性能的半导体材料。研究表明，在反应最初阶段，二硅化钛表面的微小氧化物会促使接触反应中心形成，从而直接、高效地将水分解为氢气和氧气。二硅化钛在反应中所起到的不仅仅是光催化作用，它同时能够可逆存储产生的气体，从而实现氢和氧的完美分离。

二硅化钛催化剂分解水的效率比其他利用可见光的半导体系统更高。此外，尽管存储的气体中有氢气也有氧气，但由于氧气只有在温度高于 100℃ 而且黑暗的条件下才能释放出来，因此可以方便地利用低温来分离出氢气。

单元小结

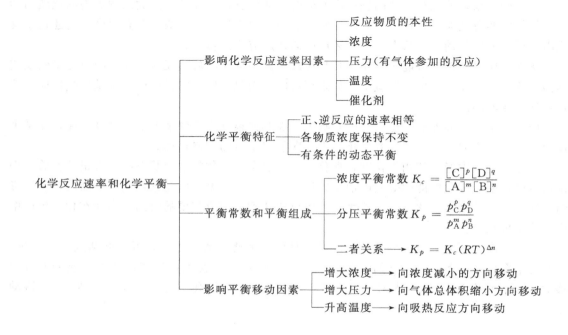

化学平衡的移动

条 件 改 变	反应速率	化 学 平 衡	平衡常数
恒温、恒压下增加反应物的浓度	加快	向生成物方向移动	不变
恒温下增加压力（气体反应）	加快	向气体分子总数减小的方向移动	不变
恒压、恒浓下升高温度	加快	向吸热反应方向移动	改变
恒温、恒压、恒浓下使用催化剂	加快	不移动	不变

学 习 反 馈

一、选择题

1. 对有气体参加的反应，影响反应速率的主要因素有（　　　）。

  A. 浓度和温度   B. 浓度和压力

  C. 温度、浓度、压力和催化剂   D. 温度、压力和催化剂

2. 决定化学反应速率的最主要因素是（　　　）。

  A. 各反应物的浓度   B. 参加反应的物质的性质   C. 催化剂   D. 温度

3. 反应 $N_2+3H_2 \rightleftharpoons 2NH_3$，在 2L 的密闭容器中进行，0.5min 内有 0.6mol NH_3 生成，则用 NH_3 表示的平均反应速率正确的是（　　　）。

  A. 0.6mol·L^{-1}·min^{-1} B. 0.3mol·L^{-1}·min^{-1}

  C. 0.2mol·L^{-1}·min^{-1} D. 0.1mol·L^{-1}·min^{-1}

4. 合成氨 $N_2+3H_2 \rightleftharpoons 2NH_3+Q$ 反应达到平衡时，改变下列条件平衡不能向正反应方向移动的是（　　　）。

  A. 加入 H_2 B. 增大压力   C. 加入催化剂   D. 加入 N_2

5. 将 1mol·L^{-1} H_2 和 3mol·L^{-1} N_2 充入一密闭容器中，在一定条件下反应 $N_2+3H_2 \rightleftharpoons 2NH_3$ 达到平衡状态，平衡状态是指（　　　）。

  A. 整个体积缩小为原来的 1/2

  B. 正反应速率与逆反应速率均为零

  C. NH_3 的生成速率等于 NH_3 的分解速率

  D. N_2：H_2：NH_3 的体积比为 1：3：2

6. 下列数据是一些化学反应的平衡常数，其中反应进行的最"完全"的是（　　　）。

  A. $K_c=0.1$ B. $K_c=1$ C. $K_c=10$ D. $K_c=100$

7. 在化学反应：$2NO+O_2 \rightleftharpoons 2NO_2+Q$ 平衡体系中，通入 O_2 平衡（　　　）。

  A. 向正反应方向移动   B. 向逆反应方向移动   C. 不移动   D. 无法判断

8. 当化学反应：$2A(g)+B(g) \rightleftharpoons 4C(g)$（放热反应），达到平衡时，若改变一个条件能使平衡向正反应方向移动的是（　　　）。

  A. 加压   B. 使用催化剂   C. 加热   D. 减少 C 的浓度

9. 在可逆反应：$A(g)+2B(g) \rightleftharpoons 2C(g)$（放热反应）中，为了有利于 C 的生成，采用的反应条件是（　　　）。

  A. 高温高压   B. 高温低压   C. 低温低压   D. 低温高压

10. 可逆反应：$aA(g)+bB(g) \rightleftharpoons cC(g)+dD(g)$ 中，如果升温降压，C(g) 增大，则（　　　）。

  A. $a+b<c+d$（吸热反应）   B. $a+b>c+d$（吸热反应）

  C. $a+b>c+d$（放热反应）   D. $a+b=c+d$（放热反应）

二、判断题

1. 对于有气体参加的反应，在一定温度下增加压力，相当于增加反应物的浓度。（　　　）

2. 催化剂一定能大大提高化学反应的速率。（　　　）

3. 同一个化学反应的反应速率，既可以用反应物来表示，也可以用生成物表示，其数值是相同的。

（　）

4. 在其他条件不变时，使用催化剂只能改变反应速率，不能改变化学平衡状态。　　　（　）

5. 增加反应物的浓度，可以提高反应速率，是因为浓度增大后，其速率常数增大了。　（　）

6. 对于任何可逆反应，增大压力，均可加快反应速率。　　　　　　　　　　　　　（　）

7. 达到化学平衡时，各反应物和生成物的浓度相等。　　　　　　　　　　　　　　（　）

8. 由于反应前后分子数相等，所以增加压力对平衡没有影响。　　　　　　　　　　（　）

9. 可逆反应达到化学平衡的主要特征是正、逆反应的速率相等。　　　　　　　　　（　）

10. 对于可逆反应：$C(s) + H_2O(g) \rightleftharpoons CO(g) + H_2(g) - Q$，升高温度，正、逆反应的速率都加快，所以平衡不受影响。

（　）

三、填空题

1. 化学反应速率通常用单位时间内_____的减少或_____的增加来表示。

2. 对于基元反应：$2A(g) + B(g) \longrightarrow C(g)$，质量作用定律表达式（速率方程式）为 $v =$ _____。

3. A 和 B 反应生成 C，假定反应由 A、B 开始，它们的起始浓度均为 $1 mol \cdot L^{-1}$。反应进行 2min 后 A 的浓度变为 $0.8 mol \cdot L^{-1}$，B 的浓度为 $0.6 mol \cdot L^{-1}$，C 的浓度为 $0.6 mol \cdot L^{-1}$。则 2min 内反应的平均速率 $v(A) =$ _____，$v(B) =$ _____，$v(C) =$ _____。该反应的化学反应方程为_____。

4. 凡能改变反应速率，而本身的_____、_____和_____在反应前后保持_____的物质，称为催化剂。能_____反应速率的叫负催化剂。

5. $C(s) + CO_2(g) \rightleftharpoons 2CO(g)$ 反应达到平衡时，增大压力，平衡_____移动，升高温度，CO_2 的转化率增大，则正反应方向为_____热反应。

四、问答题

1. 在铁和硫酸铜溶液的反应中，增大压力，反应速率有无变化？为什么？

2. 将两颗质量相同，形状相似的 Zn 粒，分别放入 $0.1 mol \cdot L^{-1}$ 的盐酸和硫酸中，为什么硫酸较快放出 H_2？

3. 化学平衡状态的特征是什么？有人说"当某一反应达到平衡状态时，反应就停止了"，这种说法对不对？为什么？

4. 下列反应，当升高温度或增大压力时，平衡向哪一方向移动？

(1) $CO_2 + C(s) \rightleftharpoons 2CO - Q$　　　　　　　　　　(2) $2CO + O_2 \rightleftharpoons 2CO_2 + Q$

(3) $3CH_4 + Fe_2O_3(s) \rightleftharpoons 2Fe(s) + 3CO + 6H_2 - Q$　　　(4) $2SO_2 + O_2 \rightleftharpoons 2SO_3 + Q$

5. 一块大理石（主要成分为 $CaCO_3$）上，分别滴加 $1 mol \cdot L^{-1}$ 和 $0.1 mol \cdot L^{-1}$ 的 HCl 溶液，哪个反应快？若分别滴加同浓度的热盐酸和冷盐酸，哪个反应快？为什么？

6. 写出下列可逆反应的平衡常数

(1) $2SO_2 + O_2 \rightleftharpoons 2SO_3$　　　(2) $Fe_2O_3(s) + 3CO \rightleftharpoons 2Fe(s) + 3CO_2$　　　(3) $2NH_3 \rightleftharpoons 3H_2 + N_2$

五、计算题

1. 将反应 $2SO_2 + O_2 \rightleftharpoons 2SO_3$ 体系的总体积缩小到原体积的 $1/4$，或将压力增大到原来的 2 倍，试分别计算体积、压力改变后的反应速率是原反应速率的多少倍？

2. 已知可逆反应 $N_2 + 3H_2 \rightleftharpoons 2NH_3$，反应达到平衡时，各物质的浓度分别为 $[N_2] = 3 mol \cdot L^{-1}$，$[H_2] = 9 mol \cdot L^{-1}$，$[NH_3] = 2 mol \cdot L^{-1}$，求该反应的平衡常数 K_c。

3. 673K 时，已知反应 $SO_2(g) + NO_2(g) \rightleftharpoons SO_3(g) + NO(g)$，$K_c = 3.0$，求在 0.50L 的密闭容器中，加入 SO_2 和 NO_2 各 1.0mol，达到平衡时各物质的量是多少？

4. 已知温度为 273K 时反应 $FeO(s) + CO(g) \rightleftharpoons Fe(s) + CO_2(g)$ 的 $K_c = 0.5$，起始时 $c(CO) = 0.5 mol \cdot L^{-1}$，$c(CO_2) = 0.5 mol \cdot L^{-1}$，计算平衡时 CO 和 CO_2 的浓度。

单元六　电解质溶液和化学电源

任务目标

1. 能判断强电解质和弱电解质。
2. 根据离子互换反应进行的条件，能写出离子方程式。
3. 能判断溶液的酸碱性，会计算溶液的 pH。
4. 能确定盐类溶液的酸碱性，会写盐类水解反应方程式。
5. 认识氧化还原反应，能确定氧化剂和还原剂，会应用电极电势。
6. 认识原电池、电解池，能应用原电池和电解池的原理。

任务一　确定电解质的类型和离子反应

在水溶液里或在熔融状态下能够导电的化合物叫电解质。我们知道酸、碱、盐在水溶液里或固体受热熔化能电离出自由移动的离子，因此都能导电，它们都是电解质。另外蔗糖、酒精、甘油等物质在水溶液中或固体受热熔化后都不能电离，因此都不导电，它们是非电解质。

> **想一想**
>
> 在相同条件下，相同体积、相同浓度的强酸、强碱和强酸、弱碱溶液，它们的导电能力是否一样？
>
> 电解质溶液的导电能力与电解质本身的性质是否有关？

动手操作

【**实验 6-1**】按图 6-1 连接烧杯中的电极和灯泡。在 5 个烧杯中分别盛有 100mL 0.5mol·L^{-1} 的盐酸、醋酸、氨水、氢氧化钠和氯化钠水溶液。接通电源，观察各灯泡的亮度。

实验记录：

实　验	实　验　现　象	结　　论
HCl 溶液		
CH$_3$COOH 溶液		
NaOH 溶液		
NaCl 溶液		
NH$_3$·H$_2$O 溶液		

讨论：

如果把烧杯中的溶液换成蔗糖水溶液和纯水，会是怎样的呢？

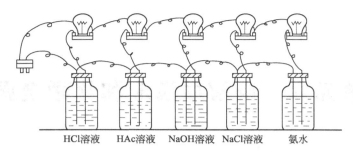

图 6-1　电解质溶液导电能力比较

实验结果显示：连接插入 CH_3COOH、$NH_3 \cdot H_2O$ 溶液的电极上的灯泡较暗，而连接 HCl、NaOH 和 NaCl 溶液的电极上的灯泡较亮。可见体积和浓度相同而种类不同的酸、碱和盐的水溶液，在相同的条件下的导电能力是不同的，HCl、NaOH 和 NaCl 溶液的导电能力比 CH_3COOH、$NH_3 \cdot H_2O$ 溶液强。

一、强电解质和弱电解质

电解质溶液之所以能导电，是由于溶液中存在能够自由移动的离子，构成通路而导电。电解质溶液的导电能力的强弱显然与溶液中能够自由移动的离子的多少有关，即同浓度的溶液中离子数目越多，其导电能力越强；反之，越弱。由此推知，电解质在溶液中电离的程度是不一样的。盐酸、氢氧化钠和氯化钠等一些强酸、强碱和盐，在水溶液中能完全电离成自由移动的离子；而醋酸和氨水等弱酸、弱碱，在水溶液中只有一部分分子电离成为自由移动的离子，大部分仍以分子形式存在。

例如，在 25℃ 时，$0.1 mol \cdot L^{-1}$ 醋酸溶液中每 1000 个醋酸分子，大约只有 13 个分子电离。可见在同浓度的强酸、强碱、盐溶液中的自由移动的离子浓度，比同浓度的弱酸、弱碱溶液中的自由移动的离子浓度大，所以它们的导电能力也强。我们把在水溶液中或在熔融状态下能全部电离成离子的电解质，称为强电解质。强碱〔如 NaOH、KOH、$Ba(OH)_2$〕、强酸（如盐酸、硫酸、硝酸等）和大多数的盐都是强电解质。在水溶液中只有部分电离为离子的电解质，称为弱电解质。弱酸（如 CH_3COOH、HCN、H_2CO_3 等）和弱碱（如 $NH_3 \cdot H_2O$ 等）都是弱电解质。

强电解质的电离式用"=="表示它完全电离成离子。例如：

$$NaOH = Na^+ + OH^-$$

$$NaCl = Na^+ + Cl^-$$

$$H_2SO_4 = 2H^+ + SO_4^{2-}$$

弱电解质的电离式用"$\rightleftharpoons$"表示其部分电离。例如：

$$CH_3COOH \rightleftharpoons H^+ + CH_3COO^-$$

$$NH_3 \cdot H_2O \rightleftharpoons NH_4^+ + OH^-$$

$$H_2O \rightleftharpoons H^+ + OH^-$$

 思考

弱电解质的电离平衡是否也像化学平衡一样？

在弱电解质的溶液中，不仅存在弱电解质分子电离成离子的过程，同时溶液中的阴、阳离子在相互碰撞时又相互吸引，而重新结合成弱电解质分子的过程，所以弱电解质的电离是一个可逆的过程。如醋酸在水溶液中：

$$CH_3COOH \Longrightarrow H^+ + CH_3COO^-$$

在一定条件下，当电解质分子电离成离子的速率等于离子结合成分子的速率时，未电离的分子和离子间就建立起动态平衡，这种平衡称为电离平衡。

二、弱电解质的电离平衡

弱电解质的电离平衡是化学平衡的一种，也是动态平衡。弱电解质达到电离平衡时，分子电离成离子和离子结合成分子的过程仍在进行，但二者的速率相等。此时未电离的分子浓度和已电离出来的各种离子浓度不再改变。当弱电解质电离达到动态平衡时，离子浓度的乘积与未电离的分子浓度之比，在一定温度下是个常数，称为电离平衡常数，简称电离常数，用符号"K_i"表示。用符号 K_a 表示弱酸电离常数，符号 K_b 表示弱碱的电离常数。溶液中离子和分子的浓度单位皆为 $mol \cdot L^{-1}$。如 CH_3COOH 的电离常数表达式可写为：

$$K_{CH_3COOH} = \frac{[H^+][CH_3COO^-]}{[CH_3COOH]}$$

式中 $[H^+]$、$[CH_3COO^-]$、$[CH_3COOH]$ 分别表示 CH_3COOH 溶液电离达到平衡时，H^+、CH_3COO^- 和 CH_3COOH 的浓度。

又如，弱电解质氨水的电离常数表达式为：

$$K_{NH_3 \cdot H_2O} = \frac{[NH_4^+][OH^-]}{[NH_3 \cdot H_2O]}$$

式中 $[NH_4^+]$、$[OH^-]$ 和 $[NH_3 \cdot H_2O]$ 分别表示氨水电离平衡时，NH_4^+、OH^- 和 $NH_3 \cdot H_2O$ 的浓度。

在一定的温度下，各种弱电解质都有其确定的电离常数值，可由实验测定。一些常见弱电解质在 298K 时的电离常数见表 6-1。

表 6-1　常见弱电解质的电离常数

名称	分子式	电离常数 K_i	名称	分子式	电离常数 K_i
醋酸(乙酸)	CH_3COOH	1.8×10^{-5}	磷酸	H_3PO_4	$K_1 = 7.6 \times 10^{-3}$
苯甲酸	C_6H_5COOH	6.46×10^{-4}		$H_2PO_4^-$	$K_2 = 6.3 \times 10^{-8}$
苯酚	C_6H_5OH	1.1×10^{-10}		HPO_4^{2-}	$K_3 = 4.4 \times 10^{-13}$
草酸	$H_2C_2O_4$	$K_1 = 5.4 \times 10^{-2}$	亚硫酸	H_2SO_3	$K_1 = 1.3 \times 10^{-2}$
	$HC_2O_4^-$	$K_2 = 6.4 \times 10^{-5}$		HSO_3^-	$K_2 = 6.3 \times 10^{-8}$
甲酸	$HCOOH$	1.77×10^{-4}	氢氰酸	HCN	6.2×10^{-10}
亚硝酸	HNO_2	5.1×10^{-4}	甲胺	CH_3NH_2	4.2×10^{-4}
氢氟酸	HF	7.2×10^{-4}	二甲胺	$(CH_3)_2NH$	1.2×10^{-4}
碳酸	H_2CO_3	4.2×10^{-7}	乙胺	$CH_3CH_2NH_2$	5.6×10^{-4}
	HCO_3^-	5.61×10^{-11}	氨	NH_3	1.8×10^{-5}
氢硫酸	H_2S	$K_1 = 5.70 \times 10^{-8}$	羟胺	NH_2OH	9.12×10^{-9}
	HS^-	$K_2 = 7.10 \times 10^{-15}$	苯胺	$C_6H_5NH_2$	4.27×10^{-10}

K_i 值的大小，反映了弱电解质的相对强弱。对同类型、同浓度的弱电解质而言，电离常数愈大，说明电离达到平衡时，溶液中离子的浓度愈大，弱电解质的电离能力愈强；反之，电离常数愈小，表示其电离能力愈弱。电离常数不随浓度而改变，随温度变化，但变化不显著，一般不影响其数量级。

思考

25℃时，CH_3COOH 的 $K_a = 1.8 \times 10^{-5}$，$0.1 mol \cdot L^{-1}$ CH_3COOH 溶液中，H^+ 浓度是多少？100 个醋酸分子中有多少个电离成离子？

电离常数 K_i 只反映了电解质电离能力的大小，没有反映电离程度的大小，因为不同的弱电解质在水溶液中的电离程度是不一样的。用电离度来表示弱电解质电离程度的大小。弱电解质的电离度就是当弱电解质在溶液中达到电离平衡时，溶液中已电离的电解质浓度和电解质的原始浓度之比。电离度常用百分数表示，符号为"α"。

$$\alpha = \frac{电解质已电离部分的浓度（mol \cdot L^{-1}）}{电解质的原始浓度（mol \cdot L^{-1}）} \times 100\%$$

在相同条件下，弱电解质 α 的大小，也可表示弱电解质的相对强弱。在温度、浓度相同的条件下，α 大的电解质较强，α 小的电解质较弱。电离度可由电导实验测得。不同电解质的电离度不同（见表 6-2）。

表 6-2　几种常见弱电解质溶液的电离度（298K，0.1mol·L^{-1}）

电解质	分子式	电离度/%	电解质	分子式	电离度/%
醋酸	CH_3COOH	1.34	次氯酸	$HClO$	0.0548
氢氟酸	HF	7.44	氢氰酸	HCN	0.007
甲酸	$HCOOH$	4.21	氨水	$NH_3 \cdot H_2O$	1.34

弱电解质 α 的大小除与电解质的本性有关外，还与溶液的浓度有关。表 6-3 列出了不同浓度的醋酸溶液的电离度。

表 6-3　不同浓度的醋酸溶液电离度（298K）

溶液浓度/mol·L^{-1}	0.2	0.1	0.01	0.005	0.001
电离度/%	0.593	1.34	4.24	5.58	12.4

由表 6-3 可见，对于同一弱电解质来说，溶液浓度愈稀，电离度愈大。因此在提到某电解质的电离度时，必须指明溶液的浓度。

电离度还与温度有关，但温度对电离度的影响不显著。通常若不指明温度，均指 298K。

 思考

298K 时，0.2mol·L^{-1} 的 $NH_3 \cdot H_2O$ 溶液的电离度为 0.934%，平衡时溶液中的 OH^- 浓度和电离平衡常数各为多少？

电离度和电离常数都可以表示弱电解质的相对强弱，但二者也有区别，电离常数是化学平衡常数的一种；电离度是转化率的一种。电离常数是弱电解质的特征常数，不随浓度变化；而电离度则随浓度改变。弱电解质电离度 α 与电离平衡常数 K_i 的关系为：

$$K_i = c\alpha^2 \quad 或 \quad \alpha = \sqrt{\frac{K_i}{c}}$$

上式表达了弱电解质溶液起始浓度、电离常数和电离度之间的关系，称为稀释定律。它的意义是，同一弱电解质的电离度与其浓度的平方根成反比，即溶液愈稀，电离度愈大；相同浓度的不同电解质的电离度与电离常数的平方根成正比，即电离常数愈大，电离度愈大。表 6-4 列出了不同浓度 CH_3COOH 溶液的电离度与 H^+ 浓度。

表 6-4　不同浓度 CH_3COOH 溶液的电离度与 H^+ 浓度（298K）

溶液浓度/mol·L^{-1}	0.2	0.1	0.01	0.005	0.001
电离度/%	0.943	1.34	4.24	5.85	12.4
[H^+]/mol·L^{-1}	1.868×10^{-3}	1.34×10^{-3}	4.24×10^{-4}	2.94×10^{-4}	1.24×10^{-4}

从表 6-4 可见，醋酸溶液浓度减少，醋酸的电离度 α 增大。但是溶液中的 H^+ 浓度却随醋酸溶液浓度的减小而减小。

 思考

已知 $0.1\,mol \cdot L^{-1}\,CH_3COOH$ 的电离度为 1.34%，则该溶液中的 H^+ 浓度为多少？若将此醋酸溶液稀释 10 倍，它的电离度又是多少？

三、离子方程式

电解质在溶液中全部或部分地电离成离子，因此电解质在溶液中发生的化学反应实质上是它们电离出的离子之间的反应，化学上把有离子参加的反应，称为离子反应。用实际参加反应的离子的符号来表示离子反应的式子，叫做离子反应方程式，简称为离子方程式。

 思考

如何书写离子反应方程式？

以硫酸钠溶液与氯化钡溶液反应为例，说明离子方程式的书写方法。

第一步，写出发生反应的化学方程式。

$$BaCl_2 + Na_2SO_4 =\!\!=\!\!= 2NaCl + BaSO_4 \downarrow$$

第二步，把易溶于水的强电解质写成离子形式，难溶的电解质、气体以及弱电解质仍用化学式表示。

$$Ba^{2+} + 2Cl^- + 2Na^+ + SO_4^{2-} =\!\!=\!\!= 2Na^+ + 2Cl^- + BaSO_4 \downarrow$$

第三步，方程式中两边不参加反应的离子从等式两边消去，则得到：

$$Ba^{2+} + SO_4^{2-} =\!\!=\!\!= BaSO_4 \downarrow$$

第四步，检查反应前后两边各元素的原子数目和电荷数是否相等。

上式表明，Na_2SO_4 溶液与 $BaCl_2$ 溶液起反应，实际参加反应的是 Ba^{2+} 和 SO_4^{2-}。任何可溶性钡盐与硫酸或可溶性硫酸盐之间的反应，都可以用这个离子方程式来表示。因为他们都会发生同样的化学反应：Ba^{2+} 与 SO_4^{2-} 结合生成沉淀。由此可见，离子方程式不仅表示一定物质间的某个反应，而且表示所有同一类型的离子反应。归纳上述写出离子方程式的过程，可得出书写离子方程式的步骤为："一写、二改、三消、四查"。

必须注意的是：只有易溶的强电解质才能以离子的形式表示；溶液中离子间的反应是有条件的，只要具备下述三个条件之一，离子反应就能进行。

① 生成难溶物质；

② 生成易挥发物质；

③ 生成水或其他弱电解质。

 复习与讨论

1. 硝酸、氯化钙、甲酸、亚硫酸、氨水、水，这些物质中哪些是强电解质？哪些是弱电解质？

2. 浓度均为 $0.1\,mol \cdot L^{-1}$ 的 HCl、CH_3COOH、HCN、$NH_3 \cdot H_2O$ 溶液，哪种物质的电离度最大？哪种物质电离度最小？

3. 在醋酸溶液中，分别加入少量的 CH_3COONa、HCl、NaOH 后，电离度各有什么变

化？加水稀释又如何变化？（用平衡原理解释）

4. 写出下列各组物质中能发生反应的化学方程式，并写出相应的离子方程式。

（1）稀硫酸与氢氧化钙溶液

（2）溴化钠溶液与碘水

（3）氯化钾溶液与硝酸银溶液

任务二　确定溶液的酸碱性

想一想

溶液的酸碱性主要由溶液中的什么物质决定？溶液酸碱性用什么表示？

一、水的离子积常数

水溶液的酸碱性取决于溶质和水的电离平衡。通常认为纯水不导电，如果用精密仪器检验，会发现水也有微弱的导电性，这说明纯水也有微弱的电离，所以水是极弱的电解质，它能发生部分电离。

由电导实验测得，在 298K 时，1L 纯水中约有 1×10^{-7} mol 的 H^+ 和 1×10^{-7} mol 的 OH^-。水的电离方程式为：

$$H_2O \rightleftharpoons H^+ + OH^-$$

当达到电离平衡时：

$$K_{H_2O} = \frac{[H^+][OH^-]}{[H_2O]}$$

1L 纯水（295K 时，水的密度 $\rho = 0.997$g·cm^{-3}），其物质的量为 55.4mol，其中仅有 10^{-7} mol H_2O 发生电离，可以忽略不计。因此电离前后，水的浓度可以看成常数。由于 K_{H_2O} 是水的电离常数，$[H_2O]$ 也是常数，相乘后仍是一个常数，记为 K_w，得：

$$K_w = [H^+][OH^-] = 1 \times 10^{-14}$$

K_w 称为水的离子积常数，简称水的离子积。它表明在一定温度下，纯水中 H^+ 浓度和 OH^- 浓度的乘积是一个常数，在不同温度下 K_w 不同，但在室温附近变化很小，一般都认为 $K_w = 1 \times 10^{-14}$。

实验证明，水的离子积不仅适用于纯水，也同样适用于其他较稀的电解质溶液。

二、溶液的酸碱性与 pH

 思考

如何确定溶液的酸碱性？

水的电离平衡不仅存在于纯水中，也存在于所有的电解质溶液中。显然，酸的溶液中不仅有 H^+，同样也存在 OH^-，只是浓度很小；碱溶液中不仅有 OH^-，同样也存在 H^+，只是浓度小而已。溶液的酸碱性，决定于 $[H^+]$ 和 $[OH^-]$ 的相对大小，可以用 $[H^+]$ 或 $[OH^-]$ 来表示溶液的酸碱性，在常温时：

酸性溶液 $[H^+] > [OH^-]$　　　　　　$[H^+] > 1 \times 10^{-7}$mol·L^{-1}

碱性溶液 $[H^+] < [OH^-]$　　　　　　$[H^+] < 1 \times 10^{-7}$mol·L^{-1}

中性溶液 $[H^+] = [OH^-]$　　　　　　$[H^+] = 1 \times 10^{-7}$mol·L^{-1}

因此可用氢离子浓度表示各种溶液的酸碱性。在酸性溶液中 $[H^+]$ 越大，溶液的酸性越强；反之，酸性越弱。在碱性溶液中，$[H^+]$ 越小，溶液的碱性越强；反之，则碱性越弱。

在稀溶液中，氢离子的浓度很小，应用时很不方便，为了简便，采用 pH 来表示溶液的酸碱性。则

$$pH = -\lg[H^+]$$

常温下：酸性溶液 $[H^+] > 1 \times 10^{-7} \text{mol} \cdot L^{-1}$ pH < 7

碱性溶液 $[H^+] < 1 \times 10^{-7} \text{mol} \cdot L^{-1}$ pH > 7

中性溶液 $[H^+] = 1 \times 10^{-7} \text{mol} \cdot L^{-1}$ pH = 7

pH 愈小，$[H^+]$ 越大，溶液的酸性越强；pH 愈大，溶液中 $[H^+]$ 越小，而 $[OH^-]$ 愈大，溶液的碱性愈强（见图 6-2）。

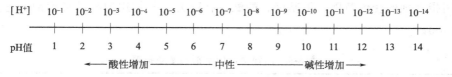

图 6-2 溶液的酸碱性与 pH 的关系

当 $[H^+] > 1 \text{mol} \cdot L^{-1}$，pH < 0 时，或 $[OH^-] > 1 \text{mol} \cdot L^{-1}$，pH > 14 时，不用 pH 而直接使用 $[H^+]$ 或 $[OH^-]$ 表示溶液的酸度更为方便。溶液的酸碱性除了用 pH 表示外，还可采用 pOH 表示。

$$pOH = -\lg[OH^-]$$

根据常温下，任何水溶液中：$[H^+][OH^-] = 1 \times 10^{-14}$ 可以推出

$$pH + pOH = 14$$

 思考

如何计算 $0.1 \text{mol} \cdot L^{-1}$ 的 HCl、NaOH、CH_3COOH 及氨水溶液的 pH?

【例 6-1】 计算 $0.005 \text{mol} \cdot L^{-1} H_2SO_4$ 溶液的 pH。

解 H_2SO_4 是强电解质，在水溶液中完全电离为 H^+ 和 SO_4^{2-}，因此溶液中 $[H^+] = 2c(H_2SO_4) = 2 \times 0.005 = 0.01 \text{mol} \cdot L^{-1}$ 而水电离出的 H^+ 浓度很小，可以忽略不计。

所以，$0.005 \text{mol} \cdot L^{-1} H_2SO_4$ 溶液的 pH 为

$$pH = -\lg[H^+]$$
$$= -\lg 0.01 = 2.0$$

答：$0.005 \text{mol} \cdot L^{-1} H_2SO_4$ 溶液的 pH 为 2.0。

【例 6-2】 计算 $0.02 \text{mol} \cdot L^{-1}$ 氨水溶液的 pH。已知 $K_{NH_3 \cdot H_2O} = 1.8 \times 10^{-5}$。

解 因为 $c(NH_3 \cdot H_2O)/K_{NH_3 \cdot H_2O} > 500$，所以，可根据一元弱碱中 $[OH^-]$ 的近似公式进行计算。

$$[OH^-] = \sqrt{K_{NH_3 \cdot H_2O} \times c(NH_3 \cdot H_2O)}$$
$$= \sqrt{1.8 \times 10^{-5} \times 0.02} = 6.0 \times 10^{-4} (\text{mol} \cdot L^{-1})$$
$$pOH = -\lg[OH^-]$$
$$= -\lg 6 \times 10^{-4} = 3.22$$
$$pH = 14.00 - pOH = 14.00 - 3.22 = 10.78$$

答：$0.2 \text{mol} \cdot L^{-1}$ 氨水溶液的 pH 为 10.78。

思考

如何测定 $0.02 mol \cdot L^{-1}$ HCl 溶液的 pH？

溶液的 pH 在化工生产中和科学研究中有广泛的应用。在化学分析、金属材料的防腐、无机盐的生产过程、废水处理等，均需要控制一定的 pH。测定溶液 pH 的方法很多，通常用酸碱指示剂或 pH 试纸可以粗略的测定溶液的 pH。精确测定时，可用 pH 计（酸度计）测定。

三、酸碱指示剂

酸碱指示剂是指借助于颜色的变化来指示溶液酸碱性的物质。指示剂发生颜色变化的 pH 范围叫指示剂的变色范围。甲基橙、酚酞、石蕊为三种常用的酸碱指示剂，它们的变色范围见表 6-5。

表 6-5　几种常用指示剂的变色范围

指示剂	pH 变色范围		
	酸色	中间色	碱色
甲基橙	<3.1 红色	3.1~4.4 橙红	>4.4 黄色
石蕊	<5.0 红色	5.0~8.0 紫色	>8.0 蓝色
酚酞	<8.0 无色	8.0~10.0 粉红	>10.0 玫瑰红

测定溶液 pH 比较简单的方法是用 pH 试纸。pH 试纸是用几种变色范围不同的指示剂的混合液浸制成的试纸。测定时，将待测溶液滴在 pH 试纸上，然后将试纸的颜色与标准比色板对照，便可确定待测溶液的 pH。

复习与讨论

1. 分别用甲基橙、酚酞及 pH 试纸测定 $0.01 mol \cdot L^{-1}$ H_2SO_4、CH_3COOH、$NH_3 \cdot H_2O$、NaOH 溶液的 pH。

2. 什么是水的离子积？常温下为何值？水中加入少量的酸或碱后，水的离子积、$[H^+]$ 及 pH 有无变化？

3. pH 相同的盐酸和醋酸溶液的浓度是否相同？若用相同浓度的 NaOH 溶液中和等体积的上述两种溶液，所消耗的 NaOH 溶液的体积是否相同？为什么？

任务三　确定盐类溶液的酸碱性

想一想

$KAl(SO_4)_2$、$Al_2(SO_4)_3$ 为什么可以作净水剂？实验室配制 $FeCl_3$ 溶液时，为什么要加盐酸？

纯水中 $[H^+] = [OH^-]$，呈中性。若在水中加入酸或碱，所得的水溶液当然是呈酸性或碱性。那么，在水中加入盐，这种盐溶液是否一定呈中性呢？

动手操作

【**实验 6-2**】取四支试管，各加入少量的 CH_3COONa、NH_4Cl、CH_3COONH_4 和 $NaCl$ 晶体，再分别加入适量的蒸馏水，振荡使之溶解，然后分别用 pH 试纸检验。

实验记录：

实　　验	溶液的 pH	结　　论
CH_3COONa 溶液		
NH_4Cl 溶液		
CH_3COONH_4 溶液		
$NaCl$ 溶液		

讨论：

如果把试管中的 CH_3COONH_4 晶体换成 NH_4HCO_3 或 $(NH_4)_2CO_3$ 晶体用水溶解后，再用 pH 试纸检验，结果将会如何？

实验结果表明，盐的溶液不一定呈中性。CH_3COONH_4 和 $NaCl$ 溶液呈中性，而 CH_3COONa 溶液呈碱性，NH_4Cl 溶液呈酸性。为什么同样是盐的水溶液，它们的酸碱性有这么大的差别？这是因为盐溶于水时，组成盐的离子与水电离出来的少量的 H^+ 或 OH^- 发生反应，生成弱酸或弱碱，使溶液中的 H^+ 和 OH^- 浓度不再相等，盐溶液便呈现出一定的酸碱性。这种在溶液中盐的离子与水电离出的 H^+ 或 OH^- 结合生成弱电解质的反应，称为盐的水解。

一、强碱弱酸盐溶液

CH_3COONa 是由弱酸（CH_3COOH）和强碱（$NaOH$）反应所生成的盐。它在水溶液中存在如下电离：

$$CH_3COONa \Longrightarrow CH_3COO^- + Na^+$$
$$+$$
$$H_2O \Longrightarrow H^+ + OH^-$$
$$\Updownarrow$$
$$CH_3COOH$$

可见，由于 CH_3COONa 电离产生的 CH_3COO^- 与水电离产生的 H^+ 结合生成了弱电解质 CH_3COOH，而破坏了水的电离平衡。随着溶液中 H^+ 浓度的减小，促使水的电离平衡向右移动，于是 OH^- 浓度随之增大，当同时建立起水和 CH_3COOH 的电离平衡时，溶液中 $[OH^-] > [H^+]$，所以 CH_3COONa 溶液显碱性。

大量实验表明：强碱弱酸盐的水溶液均显碱性。

CH_3COONa 的水解离子方程式为：

$$CH_3COO^- + H_2O \Longrightarrow CH_3COOH + OH^-$$

从上式可见，盐水解后生成了酸和碱，即盐的水解反应可看成是酸碱中和反应的逆反应。

$$酸 + 碱 \underset{水解}{\overset{中和}{\rightleftharpoons}} 盐 + 水$$

由于中和反应生成了难电离的水，反应几乎进行完全，所以水解反应的程度是很小的。

通常，水解方程式要用"$\Longleftrightarrow$"表示，水解产物的化学式后不注明"↓"、"↑"。

二、强酸弱碱盐溶液

实验中的 NH_4Cl 是强酸（HCl）和弱碱（$NH_3 \cdot H_2O$）所生成的盐。它在水溶液中存在如下电离：

$$NH_4Cl \Longrightarrow NH_4^+ + Cl^-$$
$$+$$
$$H_2O \Longleftrightarrow OH^- + H^+$$
$$\Updownarrow$$
$$NH_3 \cdot H_2O$$

NH_4^+ 与水电离出来的 OH^- 结合而生成了弱电解质 $NH_3 \cdot H_2O$，从而破坏了水的电离。随着溶液中 OH^- 浓度的减小，促使水的电离平衡向右移动，致使 H^+ 浓度增大，建立新的平衡时，溶液中 $[H^+] > [OH^-]$，所以 NH_4Cl 溶液显酸性。

大量实验表明：强酸弱碱盐水溶液呈酸性。上述水解反应的离子方程式为：

$$NH_4^+ + H_2O \Longleftrightarrow NH_3 \cdot H_2O + H^+$$

那么，CH_3COONH_4 和 NaCl 溶液为什么呈中性呢？

三、弱酸弱碱盐溶液

醋酸铵（CH_3COONH_4）是由弱酸（CH_3COOH）和弱碱（$NH_3 \cdot H_2O$）所生成的盐。它在水溶液中存在如下电离：

$$CH_3COONH_4 \Longrightarrow NH_4^+ + CH_3COO^-$$
$$+ \qquad +$$
$$H_2O \Longleftrightarrow OH^- + H^+$$
$$\Updownarrow \qquad \Updownarrow$$
$$NH_3 \cdot H_2O \quad CH_3COOH$$

由于 CH_3COO^-、NH_4^+ 分别与水中的 H^+、OH^- 结合生成弱电解质 CH_3COOH 和 $NH_3 \cdot H_2O$，H^+ 和 OH^- 都在减少，因而水的电离平衡向右移动，直至水解平衡。显然，弱酸弱碱盐的水解进行得比较强烈。水解的离子方程式为：

$$NH_4^+ + CH_3COO^- + H_2O \Longleftrightarrow NH_3 \cdot H_2O + CH_3COOH$$

生成的 CH_3COOH 和 $NH_3 \cdot H_2O$ 是等量的，因此溶液的酸碱性取决于 CH_3COOH 和 $NH_3 \cdot H_2O$ 电离程度的大小。由于 CH_3COOH 的 $K_a = 1.8 \times 10^{-5}$，$NH_3 \cdot H_2O$ 的 $K_b = 1.8 \times 10^{-5}$，二者相当，所以溶液呈中性。

弱酸和弱碱所生成的盐，水解程度都很强烈。水解后溶液的酸碱性，取决于生成的弱酸弱碱的相对强弱。若 $K_a > K_b$，则水解后溶液呈酸性；若 $K_b > K_a$，则水解后溶液呈碱性；若 K_a 接近于 K_b，则水解后溶液呈中性。

总之，强碱弱酸盐、强酸弱碱盐、弱酸弱碱盐都能够发生水解，基本原因在于组成盐的离子能与水电离出来的 H^+ 或 OH^- 结合生成了弱电解质。

四、强酸强碱盐溶液

NaCl 是由 HCl（强酸）和 NaOH（强碱）所生成的盐，由于它在水中完全电离出 Na^+ 和 Cl^-，不论 Na^+ 还是 Cl^- 都不与水电离出来的 H^+ 或 OH^- 结合生成弱电解质。所以水中 H^+ 和 OH^- 的浓度保持不变，没有破坏水的电离平衡。因此，由强酸和强碱所生成的盐不发生水解，溶液呈中性。

 思考

Na_2CO_3、KNO_3、NH_4F 的水溶液呈酸性、碱性、中性？

盐类水解的程度首先取决于盐的本性，即与形成盐的酸或碱的强弱有关。还与温度有关，盐的水解是中和反应的逆反应，中和反应是放热反应，所以水解反应是吸热反应，根据平衡移动的原理，升高温度有利于水解反应的进行。例如用纯碱(Na_2CO_3)溶液洗涤油污时，热溶液去污效果好。此外盐类水解的程度还与盐的浓度及酸度等有关。如实验室配制 $SnCl_2$ 溶液时，由于水解会生成沉淀，不能得到所需的溶液。

$$SnCl_2 + H_2O \rightleftharpoons Sn(OH)Cl\downarrow + HCl$$

为防止水解，常用盐酸溶液而不用蒸馏水配制。根据平衡移动的原理，加入盐酸可使平衡向左移动，可抑制它的水解。

复习与讨论

1. 在农业生产上经常使用化肥，为什么长期使用化肥肥田粉［主要成分为 $(NH_4)_2SO_4$］后的土壤，要常施加草木灰（主要成分为 K_2CO_3）加以改良？

2. 泡沫灭火器中所装的液体是 $NaHCO_3$ 饱和溶液和 $Al_2(SO_4)_3$ 饱和溶液。谈谈泡沫灭火器的灭火原理。

3. 配制 $CuSO_4$ 溶液时，为了加快固体的溶解速率，常用热水配制，但会产生浑浊，这是为什么？怎样才能用热水配制出澄清的 $CuSO_4$ 溶液？

知识窗　　　　　　人体的酸碱平衡

人体内的各种体液都具有一定的酸碱性，这是维持正常生理活动的重要条件之一。体内的酸性物质主要来源于糖、脂类、蛋白质及核酸的代谢产物；体内的碱性物质主要来源于蔬菜、水果和碱性药物。机体通过一系列的调节作用，将多余的酸性或碱性物质排出体外，使体液的 pH 维持在一定的范围内，达到酸碱平衡。

各部分体液的 pH 略有差异，正常情况下血液的 pH 约为 7.35～7.45。由于血液与其他各部分体液相互沟通，所以血浆的 pH 可间接反映其他各部分体液的酸碱平衡状态，若 pH 变化大，将引起酸中毒或碱中毒现象，严重时甚至危及生命。

人体血液不会因为进入少量酸性和碱性的物质而使其 pH 超出 7.35～7.45 之间，原因是血液中含有缓冲物质，如 H_2CO_3-$NaHCO_3$、NaH_2PO_4-Na_2HPO_4、血浆蛋白-血浆蛋白盐、血红蛋白-血红蛋白盐等。其中以 H_2CO_3-$NaHCO_3$ 在血液中浓度最高，缓冲能力最大，对维持血液正常的 pH 起主要作用。当人体代谢过程中产生的酸（例如乳酸、磷酸等）进入血液中时，由于血液中存在 HCO_3^- 立即与代谢酸中的 H^+ 结合成生成 H_2CO_3 分子。H_2CO_3 浓度略为增大时，被血液带到肺部，通过肺的呼吸作用将 CO_2 排出体外，以及通过肾脏的调节分泌高酸度的尿。使血液中氢离子浓度几乎没有升高，因此血液 pH 并不明显降低。当碱进入血液中时，缓冲对中的抗碱组分 H_2CO_3 离解出来的 H^+ 与之结合，生成难电离的 H_2O。当血液中的 H^+ 稍有降低时，血液中存在的 H_2CO_3，就立即电离出 H^+ 来补充血液中减少的 H^+，使血液的 pH 保持在一定的范围内。当摄入较多的碱时，人体的呼吸速率会减慢，以减少 CO_2 的排出量，肾脏分泌较低酸度的尿。正是因为人体血液中 H_2CO_3-HCO_3^- 等缓冲对存在，人体对外界进入的酸或碱进行自动调节，使血液维持在正常的 pH 范围内。

任务四　认识氧化剂、还原剂

想一想

什么是氧化反应？什么是还原反应？氧化反应和还原反应之间存在着怎样的关系？

氢气（H_2）还原氧化铜（CuO）的反应式如下：

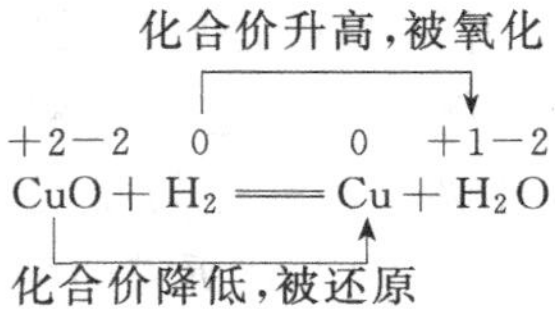

$$\text{CuO} + \text{H}_2 \xlongequal{\quad} \text{Cu} + \text{H}_2\text{O}$$

化合价升高，被氧化

$+2-2 \quad 0 \qquad 0 \quad +1-2$

化合价降低，被还原

一、氧化还原反应

分析上述氧化反应和还原反应的关系可以发现，这两个截然相反的过程在一个反应里同时发生，这类反应称为氧化还原反应。

那么，氧化还原反应有何特征？

在上述反应中，CuO 中铜的化合价由 +2 价变成了单质铜中的 0 价，铜的化合价降低了，即 CuO 被还原了；同时 H_2 中氢元素的化合价由 0 价升高到水中的 +1 价，氢的化合价升高了，即 H_2 被氧化了。

通过对大量的氧化还原反应的分析，可以得出以下结论：物质所含元素化合价升高的反应，称为氧化反应；物质所含元素化合价降低的反应，称为还原反应；凡是参加反应的物质中所含元素的化合价有升降的化学反应，即凡是有电子转移的反应，称为氧化还原反应，氧化还原反应的实质是反应物之间发生了电子的转移。

氧化还原中，电子转移和化合价升降的关系可以表示如图 6-3 所示。

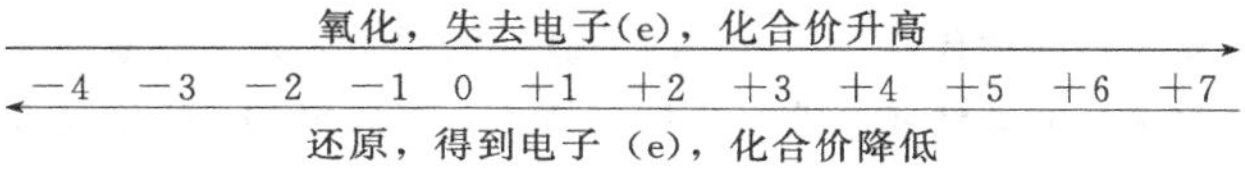

氧化，失去电子（e），化合价升高

$-4 \quad -3 \quad -2 \quad -1 \quad 0 \quad +1 \quad +2 \quad +3 \quad +4 \quad +5 \quad +6 \quad +7$

还原，得到电子（e），化合价降低

图 6-3 氧化还原反应中电子得失与化合价的关系简图

没有电子转移也就是没有化合价升降的反应，不属于氧化还原反应。

二、氧化剂和还原剂

在氧化还原反应里，失去电子的物质称为还原剂，还原剂显示出还原性，还原性的强弱反映了物质（原子或离子）失电子能力的大小。得到电子的物质称为氧化剂，氧化剂显示出氧化性，氧化性的强弱反应了物质（原子或离子）得电子能力的大小。如：

$$\text{Cl}_2 + 2\text{NaOH} \xlongequal{\quad} \text{NaClO} + \text{NaCl} + \text{H}_2\text{O}$$

在这个反应中，氯分子中的一个氯原子被氧化，另一个氯原子被还原。所以氯既是氧化剂，又是还原剂。这种反应称为歧化反应。

常见的氧化剂有活泼的非金属（如卤素）、Na_2O_2、H_2O_2、$HClO$、$KClO_3$、HNO_3、$KMnO_4$、浓 H_2SO_4、$K_2Cr_2O_7$ 等；常见的还原剂有活泼的金属及 C、H_2、CO、H_2S、$Na_2S_2O_3$ 等。

在工农业生产、科学实验和日常生活中，会遇到许多氧化还原反应。例如，金属的冶炼、金属的腐蚀和防腐以及电镀等，都包含有氧化还原反应。因此氧化还原反应是一类很重要的化学反应。

 思考

铜与氯气的反应：$\text{Cu} + \text{Cl}_2 \xlongequal{\text{点燃}} \text{CuCl}_2$ 及氯气与氢氧化钠的反应：$\text{Cl}_2 + 2\text{NaOH} \xlongequal{\quad} \text{NaClO} + \text{NaCl} + \text{H}_2\text{O}$ 哪种物质是氧化剂？哪种物质是还原剂？

动手操作

【**实验6-3**】取两支试管，各加入 1mL 的 $0.1mol \cdot L^{-1}$ $Fe_2(SO_4)_3$ 和 $SnCl_4$ 溶液，再分别加入适量 KI 溶液，并振荡，观察实验现象。

实验记录：

实 验	实 验 现 象	结 论
$Fe_2(SO_4)_3$ 溶液		
$SnCl_4$ 溶液		

试一试：

如果用 $K_2Cr_2O_7$ 代替二支试管中的 $Fe_2(SO_4)_3$ 和 $SnCl_4$，再分别加入适量的 $0.1mol \cdot L^{-1}$ 的硫酸溶液，然后分别滴加 $SnCl_2$ 溶液和 $MnSO_4$ 溶液，结果将如何？

实验结果表明：盛有硫酸铁〔$Fe_2(SO_4)_3$〕试管里很快有碘（I_2）生成，盛有四氯化锡（$SnCl_4$）的试管里，没有碘生成。Fe^{3+} 能将 I^- 氧化成 I_2，而 Sn^{4+} 不能将 I^- 氧化。实验证明，不同的氧化剂和还原剂，它们的氧化还原能力是不相同的，$Fe_2(SO_4)_3$ 的氧化能力明显强于 $SnCl_4$。

 思考

如何比较不同氧化剂、还原剂的氧化还原能力的强弱？

三、电极电势

由物质的氧化态及其对应的还原态所构成的物质对，称为氧化还原电对。物质的氧化还原能力的强弱，可用有关电对的电极电势来衡量。

金属、非金属或气体电极与其强电解质溶液之间，所产生的电位差，称为电极电势。例如，将金属锌插入硫酸锌溶液中，则在锌与硫酸锌溶液两相的界面上就产生了电位差，这电位差就称为锌电极电势。电极电势的绝对值目前尚无法测定，但可测出其相对值。

为了确定电极电势的相对大小，通常采用某一电极作标准，将其他电极与之比较，可测得电极电势的相对值。目前采用的是标准电极是氢电极，它的构成如图 6-4 所示。将一片由铂丝连接的、镀有蓬松铂黑的铂片，浸入氢离子浓度为 $1mol \cdot L^{-1}$ 的硫酸溶液中，在 298K 时，从玻璃管上部侧口不断地通入 101.325kPa 的纯氢气流，这时溶液中的 H^+ 与铂黑所吸收的 H_2 组成了 H^+/H_2 电对，其电极反应为：

$$2H^+ + 2e \Longrightarrow H_2$$

上述饱和了 H_2 的铂片与酸溶液所构成的电极就叫做标准氢电极，用 $\varphi^{\ominus}_{H^+/H_2}$ 表示。并规定在任何温度下，标准氢电极的电极电势值为零，记为 $\varphi^{\ominus}_{H^+/H_2} = 0.00V$，右上角的"$\ominus$"表示标准态。

为了方便起见，规定：温度为 298K，与电极有关的离子浓度为 $1mol \cdot L^{-1}$，有关气体的压力为 101.325kPa 的标准态下，所测得的电极电势，称为某电极的标准电极电势，用符号 $\varphi^{\ominus}_{氧化态/还原态}$ 表示，利用原电池可以测得各种物质所组成的电对的标准电极电势。测出物质电对的标准电极电势后，将它们按代数值由小到大的顺序排列，得到标准电极电势表（见表6-6）。

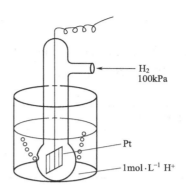

图 6-4 标准氢电极

表 6-6 标准电极电势（298K）

电对	电极反应	$\varphi^{\ominus}/V$	电对	电极反应	$\varphi^{\ominus}/V$
Li^+/Li	$Li^+ + e \rightleftharpoons Li$	-3.045	Cu^{2+}/Cu^+	$Cu^{2+} + e \rightleftharpoons Cu^+$	0.17
K^+/K	$K^+ + e \rightleftharpoons K$	-2.925	Cu^{2+}/Cu	$Cu^{2+} + 2e \rightleftharpoons Cu$	0.34
Ba^{2+}/Ba	$Ba^{2+} + 2e \rightleftharpoons Ba$	-2.91	O_2/OH^-	$O_2 + 2H_2O + 4e \rightleftharpoons 4OH^-$	0.401
Ca^{2+}/Ca	$Ca^{2+} + 2e \rightleftharpoons Ca$	-2.87	Cu^+/Cu	$Cu^+ + e \rightleftharpoons Cu$	0.52
Na^+/Na	$Na^+ + e \rightleftharpoons Na$	-2.714	$I_2/2I^-$	$I_2 + 2e \rightleftharpoons 2I^-$	0.535
Mg^{2+}/Mg	$Mg^{2+} + 2e \rightleftharpoons Mg$	-2.37	Fe^{3+}/Fe^{2+}	$Fe^{3+} + e \rightleftharpoons Fe^{2+}$	0.771
Al^{3+}/Al	$Al^{3+} + 3e \rightleftharpoons Al$	-1.66	Ag^+/Ag	$Ag^+ + e \rightleftharpoons Ag$	0.799
Mn^{2+}/Mn	$Mn^{2+} + 2e \rightleftharpoons Mn$	-1.17	Hg^{2+}/Hg	$Hg^{2+} + 2e \rightleftharpoons Hg$	0.854
Zn^{2+}/Zn	$Zn^{2+} + 2e \rightleftharpoons Zn$	-0.763	Br_2/Br^-	$Br_2 + 2e \rightleftharpoons 2Br^-$	1.065
Cr^{3+}/Cr	$Cr^{3+} + 3e \rightleftharpoons Cr$	-0.74	O_2/H_2O	$O_2 + 4H^+ + 4e \rightleftharpoons 2H_2O$	1.229
Fe^{2+}/Fe	$Fe^{2+} + 2e \rightleftharpoons Fe$	-0.44	MnO_2/Mn^{2+}	$MnO_2 + 4H^+ + 2e \rightleftharpoons Mn^{2+} + 2H_2O$	1.23
Cd^{2+}/Cd	$Cd^{2+} + 2e \rightleftharpoons Cd$	-0.403	$Cr_2O_7^{2-}/Cr^{3+}$	$Cr_2O_7^{2-} + 14H^+ + 6e \rightleftharpoons 2Cr^{3+} + 7H_2O$	1.33
$PbSO_4/Pb$	$PbSO_4 + 2e \rightleftharpoons Pb + SO_4^{2-}$	-0.356	Cl_2/Cl^-	$Cl_2 + 2e \rightleftharpoons 2Cl^-$	1.36
Co^{2+}/Co	$Co^{2+} + 2e \rightleftharpoons Co$	-0.29	PbO_2/Pb^{2+}	$PbO_2 + 4H^+ + 2e \rightleftharpoons Pb^{2+} + 2H_2O$	1.455
Ni^{2+}/Ni	$Ni^{2+} + 2e \rightleftharpoons Ni$	-0.25	MnO_4^-/Mn^{2+}	$MnO_4^- + 8H^+ + 5e \rightleftharpoons Mn^{2+} + 4H_2O$	1.51
Sn^{2+}/Sn	$Sn^{2+} + 2e \rightleftharpoons Sn$	-0.136	Ce^{4+}/Ce^{3+}	$Ce^{4+} + e \rightleftharpoons Ce^{3+}$	1.61
Pb^{2+}/Pb	$Pb^{2+} + 2e \rightleftharpoons Pb$	-0.126	MnO_4^-/MnO_2	$MnO_4^- + 4H^+ + 3e \rightleftharpoons MnO_2 + 2H_2O$	1.68
Fe^{3+}/Fe	$Fe^{3+} + 3e \rightleftharpoons Fe$	-0.037	$PbO_2/PbSO_4$	$PbO_2 + SO_4^{2-} + 4H^+ + 2e \rightleftharpoons PbSO_4 + 2H_2O$	1.69
H^+/H_2	$2H^+ + 2e \rightleftharpoons H_2$	0.0000	H_2O_2/H_2O	$H_2O_2 + 2H^+ + 2e \rightleftharpoons 2H_2O$	1.77
$S_4O_6^{2-}/S_2O_3^{2-}$	$S_4O_6^{2-} + 2e \rightleftharpoons 2S_2O_3^{2-}$	0.09	Co^{3+}/Co^{2+}	$Co^{3+} + e \rightleftharpoons Co^{2+}$	1.80
S/H_2S	$S + 2H^+ + 2e \rightleftharpoons H_2S$	0.14	O_3/O_2	$O_3 + 2H^+ + 2e \rightleftharpoons O_2 + H_2O$	2.07
Sn^{4+}/Sn^{2+}	$Sn^{4+} + 2e \rightleftharpoons Sn^{2+}$	0.154			

标准电极电势值的大小，定量反映了标准态下不同电对中，氧化态物质和还原态物质得失电子的能力，即氧化态物质的氧化能力和还原态物质的还原能力的相对强弱。例如：

电对	K^+/K	Na^+/Na	Mg^{2+}/Mg	Zn^{2+}/Zn	H^+/H_2	Cu^{2+}/Cu
$\varphi^{\ominus}_{氧化态/还原态}/V$	-2.925	-2.714	-2.37	-0.763	0.0000	0.34

$\varphi^{\ominus}_{氧化态/还原态}$ 逐渐增大，氧化态的氧化能力逐渐增强，还原态的还原能力逐渐减弱 →

所以，根据电极电势的大小，就可以比较出标准态下，金属单质在水溶液中失去电子（还原）能力的相对强弱，此即金属活动顺序表的由来。

总之，标准电极电势值越小，表明标准态下电对中还原态物质的还原能力愈强，氧化态物质的氧化能力越弱；反之，标准电极电势值越大，表明标准态下电对中氧化态物质的氧化能力越强，还原态物质的还原能力越弱。

 思考

若电极反应不是在标准态下进行的，能否用标准电极电势直接比较他们的氧化还原能力的强弱？

四、能斯特方程式

非标准状态下的电极电势（$\varphi_{氧化态/还原态}$），可用能斯特方程式计算。如电极反应为：

$$氧化态(Ox) + ne \Longleftrightarrow 还原态(Red)$$

298K 时，有：

$$\varphi_{氧化态/还原态} = \varphi^{\ominus}_{氧化态/还原态} + \frac{0.0592}{n} \lg \frac{c_{氧化态}}{c_{还原态}}$$

式中　$\varphi_{氧化态/还原态}$——电对的氧化型和还原型物质在某一浓度时的电极电势，V；

　　　$\varphi^{\ominus}_{氧化态/还原态}$——电对的标准电极电势，V；

　　　n——电极反应中得失电子数；

$c_{氧化态}$，$c_{还原态}$——电对中氧化型物质、还原型物质的浓度，$mol \cdot L^{-1}$。纯固体、纯液体的浓度为常数 1。气体用分压（Pa）表示。

这说明电极电势大小与氧化态、还原态的浓度有关。任意状态下的电极反应，要用非标准态下的电极电势来比较他们的氧化还原能力的强弱。

 讨论

在 Cl_2/Cl^- 和 O_2/H_2O 两个电对中，哪个是较强的氧化剂？哪个是较强的还原剂？（$\varphi^{\ominus}_{Cl_2/Cl^-} = 1.36V$，$\varphi^{\ominus}_{O_2/H_2O} = 1.229V$）

标准电极电势可以用来比较氧化剂、还原剂的相对强弱。除此之外，它还有何用途？

 讨论

反应 $Fe^{3+} + Cu \Longleftrightarrow Fe^{2+} + Cu^{2+}$ 在标准态下能否自发进行？

当两个电对中的物质进行反应时，反应的自发方向是由较强的氧化剂与较强的还原剂作用，生成较弱的还原剂和较弱的氧化剂，即：

$$氧化态_1 + 还原态_2 \Longrightarrow 还原态_1 + 氧化态_2$$

若 $\varphi^{\ominus}_{氧化态1/还原态1} - \varphi^{\ominus}_{氧化态2/还原态2} > 0$，正反应（从左向右）将自发进行；若 $\varphi^{\ominus}_{氧化态1/还原态1} - \varphi^{\ominus}_{氧化态2/还原态2} < 0$，则正反应（从左向右）不能自发进行，而逆反应是自发的。根据两个电对的标准电极电势的差值，可判断一个给定的氧化还原反应自发进行的方向。

 思考

在含有 Br^- 和 I^- 的溶液中，加入适量 CCl_4，再逐滴加入 $0.1mol \cdot L^{-1}$ 高锰酸钾溶液，首先生成什么物质？

> **动手操作**
>
> 【实验 6-4】在一支大试管中加入 $0.1mol \cdot L^{-1}$ KI 溶液、1mL 饱和 H_2S 溶液和适量的 CCl_4，再逐滴加入 $0.1mol \cdot L^{-1}$ $FeCl_3$ 溶液，并不断振荡，观察实验现象。
>
> 实验记录：
>
> | 实　验 | 实验现象 | 结　论 |
> |---|---|---|
> | KI 溶液 | | |
> | H_2S 溶液 | | |
>
> 讨论：
>
> 如果把 2mL $0.1mol \cdot L^{-1}$ $FeCl_3$ 溶液，直接倒入大试管中，实验现象是否相同？为什么？

实验结果发现，水层首先出现浑浊，随着 $FeCl_3$ 溶液的不断加入，CCl_4 层逐渐由无色变为紫红色。这说明 $FeCl_3$ 与 H_2S 及 I^- 的反应不是同时进行的。

从表 6-6 中查出：$\varphi^{\ominus}_{S/H_2S} = 0.14V$，$\varphi^{\ominus}_{I_2/I^-} = 0.535V$，$\varphi^{\ominus}_{Fe^{3+}/Fe^{2+}} = 0.771V$。由于 $\varphi^{\ominus}_{S/H_2S}$ 与 $\varphi^{\ominus}_{Fe^{3+}/Fe^{2+}}$ 之间的相差较大，因此，当加入 $FeCl_3$ 时，首先发生反应的是：

$$H_2S + 2Fe^{3+} \rlap{=}{=} 2Fe^{2+} + S\downarrow + 2H^+$$

S 不溶于水而使水层出现浑浊。当 H_2S 几乎全部被氧化时，继续加入 $FeCl_3$，则发生下列反应：

$$2Fe^{3+} + 2I^- \rlap{=}{=} 2Fe^{2+} + I_2$$

当一种氧化剂同时与几种还原剂作用时，电极电势差值最大的两个电对之间首先发生氧化还原反应。在化工生产中常利用此原理来达到生产目的。例如，从卤水中提取 Br_2 和 I_2。

标准电极电势可以用来比较氧化剂、还原剂的相对强弱，还可以用来判断氧化还原反应进行的方向及氧化还原反应进行的次序。

复习与讨论

1. 不同的氧化剂和还原剂，它们的氧化还原能力是否相同？
2. 将 Cl_2、Cu^{2+}、Ag^+ 按氧化能力由强到弱顺序排列。
3. Fe 与稀硫酸发生置换反应时，为什么生成的是 $FeSO_4$ 而不是 $Fe_2(SO_4)_3$？
4. 标准态下，MnO_2 与盐酸能否自发反应？

任务五　认识化学电源

> **想一想**
>
> 在一个盛有 100mL 稀硫酸的烧杯中，放入上端连接在一起的铁丝和铜丝，可以观察到铜丝的表面会出现气泡，为什么？

一般来说，任何化学反应都伴有能量产生，有些化学能量是可以利用的，是否可以将化学能量直接转化成电能？

一、原电池

动手操作

【**实验 6-5**】将锌片插入盛有 $1mol \cdot L^{-1}$ 的 $ZnSO_4$ 溶液的烧杯中，将铜片插入另一个盛有 $1mol \cdot L^{-1}$ 的 $CuSO_4$ 溶液的烧杯中，将两个烧杯的溶液用一个充满电解质溶液（通常用含有琼胶的 KCl 饱和溶液）的倒置 U 形管，即盐桥联系起来；用导线将锌片和铜片连接，并在导线上串联一个电流计（按图 6-5 装置连接），观察现象。

实验记录：

实 验	实 验 现 象	结 论
锌片		
铜片		
电流计		

试一试：

取 2 个半熟的番茄，相隔一定距离，分别平行插入铜片和锌片，用导线将铜片与锌片及电流计相连，观察现象。

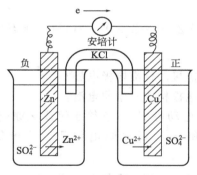

图 6-5 铜锌原电池装置

由实验可见，电流计指针发生偏转，说明导线上有电流通过。从电流计指针偏转的方向可知电子流动的方向是从锌片经导线流向铜片，故锌片是负极，铜片是正极；锌片不断溶解，而铜不断沉积在铜片上；若取出盐桥，电流计指针回至零点，放入盐桥，电流计指针偏转，说明盐桥起构成电路通路的作用。

锌片溶解，说明锌原子失去电子，形成 Zn^{2+} 进入溶液，即在锌片上发生了氧化反应：

$$Zn - 2e = Zn^{2+}$$

由于 Zn^{2+} 进入溶液中，锌片上有自由电子，所以电子从锌片经过导线流向铜片；在 $CuSO_4$ 溶液中，Cu^{2+} 从铜片上获得电子，成为 Cu 沉积在铜片上，即铜片上发生了还原反应：

$$Cu^{2+} + 2e = Cu$$

以上两个反应式相加，得到原电池装置的总反应为：

$$Zn + Cu^{2+} = Zn^{2+} + Cu$$

这个反应和 Zn 片直接插入 $CuSO_4$ 溶液中的反应是相同的。但在这里 Zn 被氧化和 Cu^{2+} 被还原是分开在两个地方进行的，电子不是直接由 Zn 转移给 Cu^{2+}，而是通过导线转移的。这样由于电子作定向运动，从而产生了电流，也就实现了化学能转变为电能。这种借助于氧化还原反应，将化学能转变为电能的装置叫做原电池，原电池是化学电源的一类。

在原电池中对电极的极性一般作如下规定：流出电子的一极，叫做负极，用符号"－"表示，电极材料被氧化，发生氧化反应；流进电子的一极，叫做正极，用符号"＋"表示，电极材料被还原，发生还原反应。

原电池的装置可以用符号来表示。如铜锌原电池表示为：

$$(-)Zn \mid ZnSO_4 \parallel CuSO_4 \mid Cu(+)$$

式中（＋）、（－）表示两个电极的符号，习惯上把负极写在左边，正极写在右边。Zn 和 Cu 表示两个电极，$ZnSO_4$ 和 $CuSO_4$ 表示电解质溶液。"｜"表示电极与电解质溶液之间的接触界面。"‖"表示盐桥，写在中间。

当电对中无固态物质时，通常需另加惰性电极（有些电极只传递电子而不参与电子得失），如石墨、铂是常用的惰性电极，这种电极只起导电作用。

例如，反应 $Zn+2H^+ \!=\!=\!= Zn^{2+}+H_2$ 组成原电池后，原电池符号表示为：

$$(-)Zn \mid Zn^{2+} \parallel H^+ \mid H_2, Pt(+)$$

电池反应为：
$$Zn+2H^+ \!=\!=\!= Zn^{2+}+H_2$$

 思考

氧化还原反应 $Fe_2(SO_4)_3+Zn \!=\!=\!= ZnSO_4+2FeSO_4$ 能否组成原电池？如能，请用原电池符号表示。

如何利用原电池来测定锌电极的标准电极电势？

（1）将待测电极与标准氢电极构成一个原电池。

（2）测出该原电池的标准电动势 $E^{\ominus}$。它等于组成该原电池的正极与负极的标准电极电势之差。若分别用 $\varphi^{\ominus}_{(+)}$ 和 $\varphi^{\ominus}_{(-)}$ 表示原电池正、负极的标准电极电势，则 $E^{\ominus}=\varphi^{\ominus}_{(+)}-\varphi^{\ominus}_{(-)}$。

（3）确定原电池的正、负极，利用标准氢电极的 $\varphi^{\ominus}_{H^+/H_2}=0.0000V$，就可以算出待测电极的标准电极电势。

例如，利用原电池测定锌电极的标准电势，将锌电极标准氢电极构成原电池。由电位计指针偏转方向可知，锌电极为负极，氢电极为正极。该原电池符号为：

$$(-)Zn \mid Zn^{2+}(1mol \cdot L^{-1}) \parallel H^+(1mol \cdot L^{-1}) \mid H_2(100.0kPa)Pt(+)$$

由电位计读数得知，该原电池的标准电动势 $E^{\ominus}=0.763V$，则：

$$E^{\ominus}=\varphi^{\ominus}_{(+)}-\varphi^{\ominus}_{(-)}=\varphi^{\ominus}_{H^+/H_2}-\varphi^{\ominus}_{Zn^{2+}/Zn}$$

$$\varphi^{\ominus}_{Zn^{2+}/Zn}=\varphi^{\ominus}_{H^+/H_2}-E^{\ominus}=0.0000V-0.763V=-0.763V$$

负值表示 Zn 比 H_2 更易失去电子。

 思考

1. 如何利用原电池来测定 Cu 电极的标准电极电势？
2. 化学能可以转变为电能，电能能否转变为化学能？

二、电解池

动手操作

【**实验6-6**】如图6-6所示，在U形管中注入 $2mol \cdot L^{-1}CuCl_2$ 溶液，插入两根石墨电极，接通直流电源，观察U形管内发生的现象。再用湿润的碘化钾淀粉试纸检验产生的气体，有何现象？

实验记录：

实　验	实 验 现 象	结　　论
接通直流电源		
碘化钾淀粉试纸		

试一试：

将U形管中的 $CuCl_2$ 溶液改为纯水，插入两根石墨电极，接通直流电源，会是什么结果？

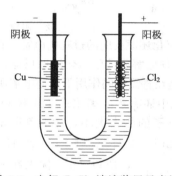

图 6-6　电解 $CuCl_2$ 溶液装置示意图

由实验可以看出，与电源正极相连的电极上有气体产生，这种气体能使湿润的碘化钾淀粉试纸变蓝色，因此可以确定该气体是氯气。与电源负极相连的电极上覆盖有紫红色的金属，该金属是铜。这种现象说明了氯化铜在直流电的作用下分解为铜和氯气，如何解释这些现象呢？

在氯化铜溶液中插入两个与直流电源相连接的电极后，与电源负极相连的电极上，由电源输入大量的电子，这些电子就与溶液中的 Cu^{2+} 相结合，发生了还原反应，生成金属铜；与正极相连的电极由于要向电源输出大量的电子，因此电极上就缺少电子，这样就会使 Cl^- 在该电极上失去电子变成氯气，发生了氧化反应。

与电源负极相连的电极上发生的是还原反应，此电极称为阴极；与电源正极相连的电极上发生的是氧化反应，此电极称为阳极。

通电前，Cu^{2+}、Cl^- 在溶液中自由移动。通电后这些自由移动的阳离子（Cu^{2+}）向阴极移动，阴离子（Cl^-）向阳极移动，如图6-7所示。在阴极 Cu^{2+} 得到电子而还原为 Cu，并沉积在阴极上，所以在阴极周围，Cu^{2+} 相对 Cl^- 来说就比较少了；同样地，在阳极 Cl^- 失去电子而被氧化成 Cl，然后两两结合成氯分子（Cl_2）从阳极逸出。Cl^- 变为 Cl_2，所以在阳极周围，Cl^- 相对 Cu^{2+} 来说就比较少了，因此溶液中就不断有 Cl^- 向阳极移动，Cu^{2+} 向阴极移动。

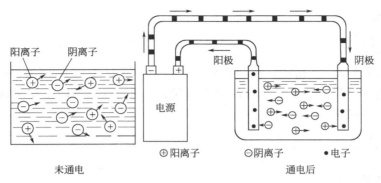

图 6-7 通电前后溶液中离子移动示意图

氯化铜水溶液在直流电的作用下，两个电极上发生的电极反应分别为：

$$阴极 \quad Cu^{2+} + 2e \longrightarrow Cu$$

$$阳极 \quad 2Cl^- - 2e \longrightarrow Cl_2$$

直流电通过氯化铜溶液时，氯化铜被分解为铜和氯气。反应方程式表示为：

$$Cu^{2+} + 2Cl^- \xrightarrow{电解} \underset{阴极}{Cu} \downarrow + \underset{阳极}{Cl_2} \uparrow$$

电解质在直流电作用下发生氧化还原反应的过程叫电解。在电解过程中要消耗电能，才能使 $CuCl_2$ 发生电解，这类消耗电能，使电解质发生氧化还原反应，从而把电能转化为化学能的装置就叫做电解池。电解过程的实质是在直流电的作用下，使电解质溶液发生氧化还原反应的过程。

我们知道，在电解质水溶液中还有水电离出的 H^+ 和 OH^-，所以还要比较电解质电离出来的离子与 H^+、OH^- 得失电子的能力大小，才能判断电极反应。如上例电解 $CuCl_2$ 溶液时，向阴极移动的阳离子有 Cu^{2+} 和 H^+，因 Cu^{2+} 比 H^+ 易得到电子（$\varphi^{\ominus}_{Cu^{2+}/Cu} = 0.34V$，$\varphi^{\ominus}_{H^+/H_2} = 0.0000V$，$\varphi^{\ominus}_{Cu^{2+}/Cu} > \varphi^{\ominus}_{H^+/H_2}$），所以 Cu^{2+} 优先在阴极获得电子还原为单质铜；而向阳极移动的阴离子有 Cl^- 和 OH^-，查表 6-6 得，$\varphi^{\ominus}_{Cl_2/Cl^-} = 1.36V$，$\varphi^{\ominus}_{H_2O/OH^-} = 0.401V$（电极反应 $4OH^- - 4e \longrightarrow O_2 \uparrow + 2H_2O$），虽然 $\varphi^{\ominus}_{H_2O/OH^-} < \varphi^{\ominus}_{Cl_2/Cl^-}$，似乎 OH^- 失去电子的能力大于 Cl^-，由于水电离出来 OH^- 的浓度很小，因电极电势的大小与浓度有关，根据能斯特方程，H_2O/OH^- 电对中，若还原态的浓度很小，则 $\varphi^{\ominus}_{H_2O/OH^-}$ 值较大，使 OH^- 失电子倾向较小。只要 $CuCl_2$ 溶液的浓度不是很稀，Cl^- 浓度较大，则 $\varphi^{\ominus}_{Cl_2/Cl^-}$ 值较小，使 Cl^- 失电子倾向较大。所以在阳极失去电子被氧化的是 Cl^-，从而放出氯气。

一般来说，在比较浓的酸和盐溶液中，最易在阳极上失去电子的是无氧酸根离子，其次是 OH^-，最不易失去电子的是含氧酸根离子。

思考

电解饱和食盐水能否得到金属钠？为什么？可以得到哪些物质？

通过大量的实践知道，一些活泼金属的离子（如 K^+、Ca^{2+}、Na^+、Mg^{2+}、Al^{3+} 等），它们在水溶液里得电子的能力远远不如 H^+ 强，所以不能使用电解这些金属离子水溶液的方法来得到金属，而只能用电解它们熔融状态下的离子化合物才能得到。

三、电解的应用

1. 制取化工产品

工业上用电解饱和食盐水制取氯气和烧碱，其电解方程式为：

$$2NaCl+2H_2O \xrightarrow{\text{电解}} 2NaOH+H_2\uparrow+Cl_2\uparrow$$

饱和食盐水中氯化钠完全电离（$NaCl \Longrightarrow Na^++Cl^-$），水仅微弱电离（$H_2O \Longrightarrow H^+ + OH^-$），溶液中存在 Na^+、H^+、Cl^- 和 OH^- 四种离子。当接通直流电源后，带正电荷的 Na^+、H^+ 向阴极移动，带负电荷的 Cl^-、OH^- 向阳极移动。在阳极，Cl^- 比 OH^- 更易失去电子，被氧化成 Cl 原子，Cl 原子结合成 Cl_2。电极反应式为：

$$\text{阳极} \qquad 2Cl^--2e \Longrightarrow Cl_2\uparrow \text{（氧化反应）}$$

在阳极上不断有氯气放出。

在阴极、H^+ 比 Na^+ 更易得到电子，被还原成 H 原子，H 原子结合成 H_2。电极反应式为：

$$\text{阴极} \qquad 2H^++2e \Longrightarrow H_2\uparrow \text{（还原反应）}$$

由于 H^+ 在阴极不断得到电子而生成 H_2 放出，破坏了阴极附近水的电离平衡，水继续电离成 H^+ 和 OH^-，H^+ 又不断得到电子，结果阴极附近溶液中 OH^- 的数目相对增多了。因而，阴极附近形成了 NaOH 溶液。

2. 电冶

应用电解原理从金属化合物中制取金属（称电冶），电解位于金属活动顺序 Al 之前金属的熔融盐的方法，制取这些活泼金属的单质，如电解熔融 KCl 时，阴极上可析出金属钾，其电解方程式为：

$$2KCl\text{（熔融）} \xrightarrow{\text{电解}} 2K+Cl_2$$

3. 电镀

应用电解原理在一些金属表面镀上一薄层其他金属或合金的过程（称电镀）。其目的是为了改变物体表面的性质，例如，增加光泽使之美观，加强物体的机械性能（如硬度及韧性），或使物体具有抗腐蚀性等。镀层金属通常是一些在空气或溶液中不易起变化的金属（如 Cr、Zn、Ni、Ag、Sn 等）和合金（如黄铜、青铜、铝合金等）。

电镀时，把待镀的金属制品（称镀件）作阴极，镀层金属作阳极，用含有镀层金属离子的电解质溶液作电镀液。在直流电作用下，溶液中的金属就沉积在镀件的表面。例如在铁制品的表面镀锌。

动手操作

【实验 6-7】按如图 6-8 所示，在盛有 200mL 水的玻璃缸中，加入 50g NH_4Cl，溶解后加入 5g $ZnCl_2$、20g CH_3COONa 搅拌使之全部溶解成电镀液。再加入洗涤剂 1～2 滴，然后调节电镀液的 pH 在 5～6。用锌片作阳极，镀件为阴极，接通直流电源，观察实验现象。

实验记录：

实 验	实 验 现 象	结 论
接通直流电源		

讨论：

若欲在镀件上镀一薄层铜（Cu），如何进行实验操作？

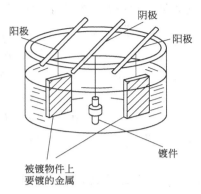

图 6-8　电镀锌示意图

实验现象表明，阴极铁制品（镀件）的表面慢慢地沉积一薄层锌；阳极的锌片慢慢变薄。这是因为在电源接通后，溶液中的 Zn^{2+} 向阴极移动，在阴极上获得电子成为金属锌，这就是镀件上的镀层。阳极锌片上金属锌失去电子成为 Zn^{2+} 进入溶液，即发生锌的溶解。

$$阳极\quad Zn-2e=\!=\!=Zn^{2+}$$
$$阴极\quad Zn^{2+}+2e=\!=\!=Zn$$

4. 金属精炼

利用电镀的原理，从含有杂质的金属中精炼金属。如精炼铜，用粗铜板作阳极，薄纯铜板作阴极，用硫酸铜溶液作电镀液。通电时含有杂质的粗铜在阳极不断溶解，而纯铜在阴极不断析出。这样，在阴极就可以得到纯度达 99.99% 的纯铜。

 复习与讨论

1. 下图所示的装置中，能组成原电池产生电流的是（　　　）。

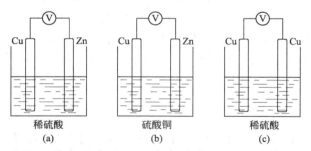

稀硫酸	硫酸铜	稀硫酸
(a)	(b)	(c)

2. 铁片、锌片分别插入稀硫酸中时，两者都溶解。但如果将它们同时插入稀硫酸中，并用导线连接，则只有 Zn 溶解，而铁片上冒气泡，为什么？

3. 在电解 NaOH 溶液时，以石墨为电极，阴、阳两极发生什么变化？写出电极反应式及电解方程式。

4. 粗铜中含有少量的锌、铁、银、金等金属，采用电解法提纯粗铜时，阳极上先后被氧化的是什么金属？阳极泥中含有什么金属？阴极上被还原出来的是什么金属？

知识窗　　　　　　　　**新型能源——燃料电池**

燃料电池与前面介绍的电池不同，它不是将氧化剂和还原剂全部储存在电池内，而是在工作时，不断从外界输入，同时将电极反应产物不断排出电池。因此，燃料电池是名副其实地把能源中燃料燃烧反应的化学能，直接转化为电能的"能量转换器"。

氢氧燃料电池是以氢气为燃料，氧气作氧化剂，用多孔性的碳为正、负极，30％的氢氧化钾溶液为电解液，负极上吸附氢气，正极上吸附氧气。它工作时负极上的氢放出电子，发生氧化反应；正极上的氧得到电子，发生还原反应。这种电池的总反应为：

$$2H_2 + O_2 \xlongequal{\quad} 2H_2O$$

这与氢气在氧气中燃烧的反应一样，但它没有火焰，也不放出热量，而是产生电流。除了氢气、氧气外，甲烷、煤气等燃料，空气、氯气等氧化剂，也可以成为燃料电池的原料。

燃料电池突出的优点是它能将化学能直接转化为电能，能量转化率很高，可达70％以上。而一般的火力发电，则是把煤和石油的化学能通过燃烧转化为热能，再转化为机械能，最后由发电机把机械能转化为电能，能量的利用率不超过30％。此外，与其他化学电池相比较，燃料电池还可以节约金属资源，减少环境的污染，无材料腐蚀和电解液腐蚀等问题。但是由于技术问题，可使用的燃料电池，目前还只局限于氢氧燃料电池，而氢氧燃料电池的关键问题是如何大量储存氢。现在已研制出了钛铁合金，储氢密度可达到96g·L⁻¹，已超过液态氢的密度（70g·L⁻¹），可用于燃料电池汽车的低压氢源。

单 元 小 结

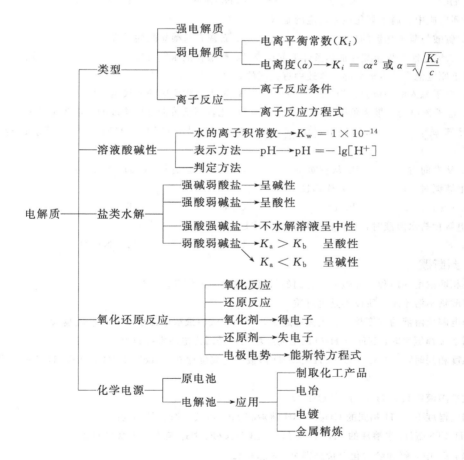

学 习 反 馈

一、选择题

1. 下列物质属于强电解质的是（   ），属于弱电解质的是（   ）。

  A. 硫酸钡   B. 蔗糖   C. 氨水   D. 酒精

2. 盐酸和醋酸相比（　　　）。

  A. 前者的酸性一定比后者弱   B. 前者的酸性一定比后者强

  C. 其酸性的强弱无法比较   D. 在浓度相同时，前者的酸性要比后者酸性强

3. $0.1mol \cdot L^{-1} NH_3 \cdot H_2O$ 和 $0.1mol \cdot L^{-1} NH_4Cl$ 溶液中（　　　）。

  A. $[NH_4^+]_{NH_3 \cdot H_2O} > [NH_4^+]_{NH_4Cl}$ B. $[NH_4^+]_{NH_3 \cdot H_2O} < [NH_4^+]_{NH_4Cl}$

  C. $[NH_4^+]_{NH_3 \cdot H_2O} = [NH_4^+]_{NH_4Cl}$ D. 无法比较 $[NH_4^+]$

4. 电离平衡常数只与（　　　）有关。

  A. 压力   B. 浓度   C. 温度   D. 摩尔质量

5. 为了抑制 $(NH_4)_2SO_4$ 的水解，可采用（　　　）。

  A. 加硫酸   B. 加氢氧化钠   C. 升温   D. 加水稀释

6. 电解质在溶液中所起的反应，实质上是（　　　）之间的反应。

  A. 分子   B. 原子   C. 离子   D. 电子

7. 在写离子反应方程式时，下列物质应写成化学式的是（　　　）。

  A. HCl B. CO_2 C. Na_2SO_4 D. $Ba(OH)_2$

8. 下列反应中，属于氧化还原反应的是（　　　）。

  A. 硫酸与氢氧化钡的反应   B. 石灰石与稀盐酸的反应

  C. 二氧化锰与浓盐酸在加热条件下的反应   D. 醋酸钠的水解反应

9. 对于原电池中的电极名称，叙述中有错误的是（　　　）。

  A. 电子流入的一极为正极   B. 发生氧化反应的一极是正极

  C. 电子流出的一极为负极   D. 比较不活泼的金属构成的一极为正极

10. 已知 $\varphi^{\ominus}_{Fe^{3+}/Fe^{2+}} = 0.771V$，$\varphi^{\ominus}_{Cu^{2+}/Cu} = 0.345V$，$2Fe^{2+} + Cu^{2+} \Longrightarrow 2Fe^{3+} + Cu$ 反应进行的方向是（　　　）。

  A. 从左向右   B. 从右向左   C. 反应不能进行   D. 无法确定

11. 电镀铜时，用（　　　）作阳极。

  A. Cu B. Pt C. 石墨   D. Ag

12. 电解食盐水溶液时，在阳极上得到的物质是（　　　）。

  A. H_2 B. Cl_2 C. $NaCl$ D. $NaOH$

二、判断题

1. 在相同浓度的两种一元酸中，它们的氢离子浓度一定相等。   （　　　）

2. 碳酸钙不溶于水，所以不是电解质。   （　　　）

3. 弱电解质溶液的浓度越小，电离度越大，因此弱酸溶液浓度越小，$[H^+]$ 就越大。   （　　　）

4. 用水稀释氨水时，$NH_3 \cdot H_2O$ 的电离度增大，是因为电离常数也增大了。   （　　　）

5. 温度相同时，$0.1mol \cdot L^{-1} CH_3COOH$ 溶液的电离度比 $0.01mol \cdot L^{-1} CH_3COOH$ 溶液的电离度小。

    （　　　）

6. 酸性溶液中只有 H^+，没有 OH^-。   （　　　）

7. 相同温度下，pH 相同的 CH_3COOH 溶液和 HCl 溶液的浓度是相同的。   （　　　）

8. CH_3COONH_4 水溶液的 pH 为 7，所以说 CH_3COONH_4 是不发生水解的盐。   （　　　）

9. MnO_4^- 中，锰和氧的化合价分别为 $+8$ 和 -2。   （　　　）

10. 氧化还原反应中，得失电子同时发生，而且数量相等。   （　　　）

11. 根据标准电极电势判定 $I_2 + Sn^{2+} \Longrightarrow 2I^- + Sn^{4+}$ 反应只能逆向进行。   （　　　）

12. 从标准电极电势得知，I_2 的氧化性比 Ag^+ 强。   （　　　）

13. 原电池的负极发生的是氧化反应。   （　　　）

14. 氧化态、还原态是同一元素的两种价态，化合价高的是氧化态，化合价低的是还原态。   （　　　）

三、填空题

1. Na_2SO_4 是＿＿（强或弱）电解质，在水中能＿＿电离，其电离方程式为：＿＿＿＿＿＿＿＿＿＿。

2. $NH_3 \cdot H_2O$ 是＿＿＿＿电解质，在水中能＿＿＿＿电离，其电离方程式为＿＿＿＿＿＿＿＿＿＿。

3. 在一定温度下，当弱电解质的分子电离成＿＿＿＿的速率等于离子重新＿＿＿＿的速率时，未电离的＿＿＿＿和＿＿＿＿间建立起＿＿＿＿平衡。

4. 在一定温度，同一弱电解质的浓度越低，则电离度越＿＿＿＿。

5. 298K 时，$K_{CH_3COOH}=1.8\times10^{-5}$，在该温度下，$0.02\,mol \cdot L^{-1}\,CH_3COOH$ 溶液中 $[H^+]=$＿＿＿＿，电离度为＿＿＿＿。

6. 纯水中加入少量碱后，水的离子积＿＿＿＿1×10^{-14}，pH＿＿＿＿7。

7. 甲基橙在 pH 为＿＿＿＿的溶液中显橙色，$pH \geqslant$＿＿＿＿显黄色，$\leqslant$＿＿＿＿显红色。

8. 500mL 溶液中溶有 2g NaOH 的水溶液，$pH=$＿＿＿＿＿＿。$0.1\,mol \cdot L^{-1}\,NH_3 \cdot H_2O$ 溶液的 α 为 1.34％，则 $pH=$＿＿＿＿＿＿。

9. Na_2SO_4 水溶液呈＿＿＿＿性，是因为＿＿＿＿＿＿＿＿＿＿。

10. 下列盐：$Fe_2(SO_4)_3$、KCl、NH_4NO_3、Na_2SO_3、$(NH_4)_2CO_3$ 的水溶液呈酸性的是＿＿＿＿＿＿；呈中性的是＿＿＿＿＿＿；呈碱性的是＿＿＿＿＿＿；不水解的是＿＿＿＿＿＿。

11. NH_4Cl 水解的离子方程式为＿＿＿＿＿＿＿＿＿＿；CH_3COONa 水解的离子方程式为＿＿＿＿＿＿＿＿＿＿；CH_3COONH_4 水解的离子方程式为＿＿＿＿＿＿＿＿＿＿。

12. 实验室里制取 H_2、Cl_2 时都要用盐酸，制取 H_2 时盐酸是＿＿＿＿剂，制取 Cl_2 时盐酸是＿＿＿＿剂。

13. 下列反应中：

(1) $2F_2+2H_2O =\!=\!= 4HF+O_2 \uparrow$ 　　　　(2) $2Na+2H_2O =\!=\!= 2NaOH+H_2 \uparrow$

(3) $CaO+H_2O =\!=\!= Ca(OH)_2$ 　　　　(4) $2H_2O \overset{通电}{=\!=\!=} 2H_2 \uparrow + O_2 \uparrow$

水是氧化剂的是（填序号）＿＿＿＿，水是还原剂的是＿＿＿＿，水既是氧化剂又是还原剂的是＿＿＿＿，水既不是氧化剂也不是还原剂的是＿＿＿＿。

14. 在反应式 $2FeCl_3+2KI =\!=\!= 2KCl+I_2+2FeCl_2$ 中，＿＿＿＿元素被氧化，＿＿＿＿元素被还原，＿＿＿＿是氧化剂，＿＿＿＿是还原剂。

15. ＿＿＿＿＿＿＿＿＿＿称为原电池，它是把＿＿＿＿能转化为＿＿＿＿能。在原电池中，电子流出的一极，称＿＿＿＿极，发生＿＿＿＿反应；电子流入的一极，称＿＿＿＿极，发生＿＿＿＿反应。

16. $Cu+2Ag^+ =\!=\!= Cu^{2+}+2Ag$ 反应装配成原电池，＿＿＿＿为正极，＿＿＿＿为负极，电池符号为＿＿＿＿＿＿＿＿＿＿。

17. 根据标准电极电势表，判断下列反应自发进行的方向。

(1) $2FeSO_4+I_2+H_2SO_4 =\!=\!= Fe_2(SO_4)_3+2HI$ 　　＿＿＿＿＿＿＿＿＿＿

(2) $2FeCl_3+SnCl_2 =\!=\!= 2FeCl_2+SnCl_4$ 　　＿＿＿＿＿＿＿＿＿＿

18. 在电对 MnO_4^-/Mn^{2+}、$Cr_2O_7^{2-}/Cr^{3+}$、Cu^{2+}/Cu、Sn^{4+}/Sn^{2+}、I_2/I^- 中，最强的氧化剂是＿＿＿＿，最弱的氧化剂是＿＿＿＿；最强的还原剂是＿＿＿＿，最弱的还原剂是＿＿＿＿。反应最易进行的是＿＿＿＿和＿＿＿＿反应。

19. 用石墨做电极，电解熔融态的 KCl 时，阳极产物为＿＿＿＿，反应式为＿＿＿＿＿＿＿＿＿＿；阴极产物为＿＿＿＿，反应式为＿＿＿＿＿＿＿＿＿＿。电解反应式为＿＿＿＿＿＿＿＿＿＿。

20. 电镀时，待镀工件作＿＿＿＿极，镀层金属作＿＿＿＿极，＿＿＿＿作电镀液。

21. 在电解法精炼银时，粗银作＿＿＿＿极，纯银在＿＿＿＿极析出，用＿＿＿＿＿＿电解液。

四、问答题

1. 比较强电解质与弱电解质在电离方面有什么区别？

2. 什么是电离平衡？电离度和电离常数的意义是什么？它们有什么区别？

3. 在室温下，将 $0.5\,mol \cdot L^{-1}\,NH_3 \cdot H_2O$ 溶液稀释至原来的 1/10，溶液中 $[OH^-]$ 有何变化？$NH_3 \cdot$

H_2O 的电离度有何变化？通过计算说明。

4. 什么是离子反应？离子反应发生的条件是什么？

5. 下列各组物质能否发生反应？能反应的写出离子方程式。

(1) 硫酸铜溶液与氢氧化钠溶液　　　(2) 碳酸钠溶液与盐酸

(3) 氢氧化钾溶液与硫酸　　　(4) 硝酸钠溶液与氯化钡溶液

6. 指出下列化学反应中元素化合价的变化，并说明反应中的电子得失关系。

(1) $2Cu + O_2 \xrightarrow{\text{高温}} 2CuO$ 　　　(2) $Zn + 2HCl == ZnCl_2 + H_2 \uparrow$

7. 在下列反应中，哪些是氧化还原反应？属于氧化还原反应的，指出氧化剂和还原剂。

(1) $Na_2CO_3 + H_2SO_4 == Na_2SO_4 + CO_2 \uparrow + H_2O$ 　　　(2) $2KClO_3 == 2KCl + 3O_2 \uparrow$

(3) $Cl_2 + 2NaOH == NaCl + NaClO + H_2O$ 　　　(4) $CaCO_3 == CaO + CO_2 \uparrow$

8. 在标准态下，Br^-、Sn^{2+}、Fe^{2+} 哪些能被 $[H^+] = 1mol \cdot L^{-1}$ 的 $KMnO_4$ 溶液氧化？由它们与 MnO_4^- / Mn^{2+} 组成的原电池的电动势是多少？

五、计算题

1. 计算 $0.1mol \cdot L^{-1}$ H_2SO_4 溶液和 $0.1mol \cdot L^{-1}$ CH_3COOH 溶液的中的 H^+ 浓度。（已知 $K_{CH_3COOH} = 1.8 \times 10^{-5}$）

2. 在 $500mL$ 醋酸溶液中，溶有醋酸 $3.00g$，其中 CH_3COO^- 为 $3.9 \times 10^{-2}g$，求此醋酸溶液的电离度。

3. 计算 $0.4mol \cdot L^{-1} NH_3 \cdot H_2O$ 中的 $[OH^-]$ 和电离度。（已知 $K_{NH_3 \cdot H_2O} = 1.8 \times 10^{-5}$）

4. 已知 $HClO$ 的 $K_a = 3.2 \times 10^{-8}$，计算 $0.05mol \cdot L^{-1}$ $HClO$ 溶液中的 $[H^+]$、$[ClO^-]$ 和 α。

5. $0.1mol \cdot L^{-1} CH_3COOH$ 溶液 $\alpha = 1.34\%$，求 CH_3COOH 的电离平衡常数。

6. 在 $1L$ 水溶液里，含有 $0.4g$ $NaOH$，计算该溶液的 pH。

第三篇
有机化合物

单元七　重要烃类

任务目标

1. 以烷、烯、炔和芳香烃的代表物为例，比较它们在组成、结构、性质上的差异。

2. 会对给定的烷烃进行命名。

3. 会运用取代反应、加成反应、聚合反应的定义来分析有机反应所属类型。

4. 能利用同系物、同分异构体等概念来分析有机物之间的关系。

5. 知道化石燃料（煤、石油、天然气）是人类社会重要的自然资源，了解海洋中蕴藏着丰富的资源。

　　自然界里的物质是复杂多样的。我们已经学习了非金属、金属及其化合物的一些性质，这些化合物一般来源于矿石、海水及泥土里，把这类化合物称之为无机化合物。像油脂、淀粉、蛋白质、纤维素、尿素和塑料等这类化合物称为有机化合物，简称有机物。

　　19 世纪以前，人们一直认为有机物只能从有生命力的动植物体内制造出来，而不能人工合成。直到 1828 年德国化学家维勒（F. Wöhler）在实验室加热氰酸铵（NH_4CNO）制得了尿素，首次用人工的方法从无机物制得有机物。随后人们又相继用人工方法合成了醋酸、糖、脂肪等有机物。现在绝大多数有机物已不再是从天然的有机体内取得，但是由于历史和习惯的原因，还保留着"有机"这一名词，但它却有着新的涵义。

　　随着科学的发展和分离技术的提高，人们对大量有机物进行了分析，发现它们都含有碳元素，此外还含有氢、氧、氮、硫、磷、卤素等。因此，我们现在所说的有机化合物就是含碳的化合物。有机化学就是以有机化合物为研究对象的学科，它的研究范围包括有机化合物的来源、结构、性质、合成、应用以及有关理论和方法学等。当前，有机化学已经发展得比较成熟，但它仍然是一门充满挑战和机遇的富有活力的学科。

　　有些简单的含碳化合物，如一氧化碳、二氧化碳、碳酸、碳酸盐、金属碳化物、氰化物等，因为它们的结构和性质与无机物相似，所以作为无机化合物来研究。由此可以看出有机化合物和无机化合物之间并没有绝对的界限。

任务一　认识甲烷及烷烃

　　仅由碳和氢两种元素组成的有机化合物，称为碳氢化合物，又简称为烃。甲烷是烃类物质中分子组成最简单的物质。

> **想一想**
>
> 　　我国的许多煤矿都是瓦斯（主要成分为甲烷）煤矿，由瓦斯爆炸造成的事故屡屡出现，在什么情况下会发生瓦斯爆炸？怎样才能预防爆炸？

一、甲烷

甲烷俗名沼气，又叫坑气。甲烷是无色、无味、无毒的气体，极难溶于水，比空气轻，很容易燃烧。

甲烷是池沼底部产生的沼气和煤矿坑道产生的气体（坑道气或瓦斯）的主要成分。这些甲烷都是在隔绝空气的情况下，由植物残体经过微生物发酵的作用而生成的。

有些地方的地下深处蕴藏着大量叫做天然气的可燃气体，它的主要成分也是甲烷，按体积计算，天然气中一般约含有甲烷 $80\%\sim97\%$。

1. 甲烷的分子结构

甲烷的分子式是 CH_4，在甲烷分子中，碳原子最外电子层上的 4 个电子分别与 4 个氢原子的电子形成 4 个共价键。甲烷的电子式为：$H\overset{\times}{\underset{\times}{\overset{H}{C}}}\overset{H}{\underset{H}{}}H$。

甲烷的分子结构可以表示为：$H-\overset{H}{\underset{H}{C}}-H$ 。

这种用短线来表示一对共用电子的图式叫做结构式。

甲烷的结构式可以表示甲烷分子中碳原子与氢原子的成键情况，但不能说明分子中碳原子与氢原子的空间相对位置。科学实验证明，甲烷分子是一个正四面体的立体结构，碳原子位于正四面体的中心，4 个氢原子分别位于正四面体的 4 个顶点上，如图 7-1 所示。为了形象地表示甲烷的立体结构，可用分子模型，图 7-2（a）是甲烷分子的球棍模型，短棒代表价键；图 7-2（b）是甲烷分子的比例模型，表示各原子相对大小和空间关系。

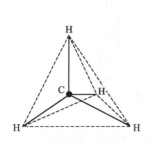

图 7-1　甲烷分子结构示意图

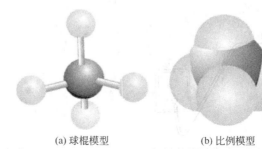

(a) 球棍模型　　　　(b) 比例模型

图 7-2　甲烷的分子模型

2. 甲烷的实验室制法

甲烷是用无水醋酸钠和碱石灰（氢氧化钠和氧化钙的混合物）混合加热制得的，如图 7-3 所示。反应式如下：

$$CH_3COONa + NaOH \xrightarrow[\triangle]{CaO} CH_4\uparrow + Na_2CO_3$$

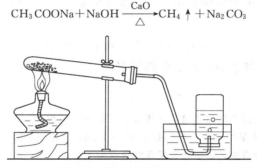

图 7-3　甲烷的实验室制法

3. 甲烷的化学性质

动手操作

【实验7-1】先检验甲烷的纯度（所有可燃气体在点燃以前都要验纯，以免发生爆炸。验纯的方法：用排水法收集一小试管甲烷气体，用拇指堵住，移近火焰，移开拇指点火。当听到尖锐爆鸣声，证明气体不纯，若听到"噗"的声响，证明气体纯净）。验纯后，点燃纯净的甲烷，观察火焰的颜色。在火焰上方罩一个干燥的烧杯，如图7-4所示，然后把烧杯倒转过来，向杯内注入少量澄清石灰水，振荡，观察现象。

【实验7-2】把甲烷经导管通入盛有高锰酸钾酸性溶液的试管中，观察紫色溶液是否有变化，如图7-5所示。

实验记录：

实验	实验现象	结论
7-1		
7-2		

讨论：

归纳甲烷的性质。

图 7-4 点燃纯净的甲烷

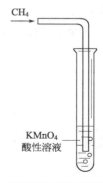

图 7-5 甲烷通入高锰酸钾酸性溶液

通常情况下，甲烷的化学性质比较稳定，一般不跟强酸、强碱或强氧化剂发生反应。从上面的实验可得到证明。甲烷不能使酸性高锰酸钾溶液褪色。只有在某些特定的条件下才会发生某些反应。

（1）氧化反应 纯净的甲烷能在空气中安静地燃烧，发出淡蓝色的火焰，生成二氧化碳和水，同时放出大量的热。

$$CH_4 + 2O_2 \xrightarrow{\text{点燃}} CO_2 + 2H_2O$$

甲烷是一种很好的气体燃料，产生的热量很高。

注意

点燃甲烷跟氧气或空气的混合气体容易发生爆炸，CH_4 在 O_2 里的爆炸极限是含 CH_4 5.4%～59.2%（体积分数），CH_4 在空气里的爆炸极限是含 CH_4 5.0%～15.0%（体积分数）。因此，在煤矿的矿井里，必须采取通风、严禁烟火等安全措施，以防止瓦斯爆炸事故发生。

（2）取代反应 在光照（不可用日光直射或其他强光直射，否则要发生爆炸反应）条件下，甲烷能跟氯气发生反应，这个反应是分步进行的，甲烷分子中的氢原子逐个被氯原子取代，生成一系列产物。甲烷的取代反应可表示为：

$$\underset{H}{\overset{H}{H-C-}}[H+Cl]-Cl \xrightarrow{\text{光}} \underset{H}{\overset{H}{H-C-}}Cl + H-Cl$$

一氯甲烷

$$\underset{Cl}{\overset{H}{H-C-}}[H+Cl]-Cl \xrightarrow{\text{光}} \underset{Cl}{\overset{H}{H-C-}}Cl + H-Cl$$

二氯甲烷

$$\underset{Cl}{\overset{H}{Cl-C-}}[H+Cl]-Cl \xrightarrow{\text{光}} \underset{Cl}{\overset{H}{Cl-C-}}Cl + H-Cl$$

三氯甲烷（氯仿）

$$\underset{Cl}{\overset{Cl}{Cl-C-}}[H+Cl]-Cl \xrightarrow{\text{光}} \underset{Cl}{\overset{Cl}{Cl-C-}}Cl + H-Cl$$

四氯甲烷（四氯化碳）

　　有机物分子中的某些原子或原子团被其他原子或原子团所代替的反应叫做取代反应。

　　有机物参加的反应往往比较复杂，常有副反应发生。因此，有关有机反应的化学方程式通常不用等号而用箭头（—→）表示。

　　二、烷烃

　　1. 烷烃

　　从石油炼制的产品中，可以获得一系列和甲烷结构相似的化合物，如乙烷、丙烷、丁烷等。它们的结构式如表 7-1 所示。

表 7-1　几种烷烃的结构式

名　称	分子式	结　构　式
甲烷	CH_4	$H-\underset{H}{\overset{H}{C}}-H$
乙烷	C_2H_6	$H-\underset{H\ H}{\overset{H\ H}{C-C}}-H$
丙烷	C_3H_8	$H-\underset{H\ H\ H}{\overset{H\ H\ H}{C-C-C}}-H$
丁烷	C_4H_{10}	$H-\underset{H\ H\ H\ H}{\overset{H\ H\ H\ H}{C-C-C-C}}-H$

续表

名 称	分子式	结 构 式
戊烷	C_5H_{12}	H—C—C—C—C—C—H（戊烷结构式）

在这些烃分子中，碳原子之间都以碳碳单键结合成链状，其余的价键全部跟氢原子相结合，使每个碳原子的化合价都已充分利用，都达到"饱和"。这样的烃叫做饱和烃，又叫烷烃。

为了书写方便，有机物除用结构式表示外还可以用结构简式表示，如乙烷和丙烷的结构简式分别为 CH_3CH_3 和 $CH_3CH_2CH_3$。

2. 烃基

烃失去 1 个氢原子后所剩余的原子团叫做烃基。用"R—"表示，如果是烷烃失去 1 个氢原子后剩余的原子团，就叫做烷基，烷基可以表示为 $-C_nH_{2n+1}$。如 $-CH_3$ 叫做甲基，$-C_2H_5$ 叫乙基。

3. 同系物

像甲烷、乙烷、丙烷、丁烷这些物质，结构相似，在分子组成上相差一个或若干个"CH_2"原子团的物质互称为同系物。如果碳原子数为 n，则氢原子数目为 $2n+2$，烷烃的分子式可以用通式 C_nH_{2n+2} 来表示。

同系物具有相似的化学性质。例如烷烃在通常状况下，它们都很稳定，跟酸、碱及氧化剂都不发生反应。但这些烃在空气里都可以点燃，在光照条件下都能跟氯气发生取代反应。

同系物的物理性质一般随着分子里碳原子数的递增，呈现规律性的变化。表 7-2 列出了部分烷烃的物理性质。

表 7-2 几种烷烃的物理性质

名 称	常温时的状态	熔点/℃	沸点/℃	相对密度(d_4^{20})
甲烷	气	−182	−164	0.424
乙烷	气	−183.3	−88.6	0.546
丙烷	气	−189.7	−42.1	0.582
丁烷	气	−138.4	−0.5	0.579
戊烷	液	−130	36.1	0.626
癸烷	液	−29.7	174.1	0.730
十七烷	固	22	301.8	0.778
二十四烷	固	54	391.3	0.799

如表中所示，烷烃的同系物随着碳原子数的增多，逐渐由气态（$1 \leqslant n \leqslant 4$）、液态（$5 \leqslant n \leqslant 16$）向固态（$n \geqslant 7$）变化，沸点逐渐升高，相对密度逐渐增大。

4. 同分异构体

人们在研究物质的分子组成和性质时，发现有很多物质的分子组成相同，但性质却有差异。如表 7-3 正丁烷和异丁烷性质比较。

表 7-3 正丁烷和异丁烷性质比较

名　称	分子式	熔点/℃	沸点/℃	相对密度
正丁烷	C_4H_{10}	−138.4	−0.5	0.5788
异丁烷	C_4H_{10}	−159.6	−11.7	0.557

产生这种差异的原因是什么呢？经科学实验证明，它们分子中原子连接的顺序不同，即结构不同。见表 7-4 正丁烷和异丁烷的结构。

表 7-4 正丁烷和异丁烷的结构

名　称	结构式	球棍模型	比例模型
正丁烷			
异丁烷			

化合物具有相同的分子式，但具有不同的结构式的现象叫做同分异构现象。具有同分异构现象的化合物互称为同分异构体。

 思　考

相对分子质量相同的物质是否为同分异构体？$n=2,3,4,5$ 的烷烃，分别有多少种结构？

在烷烃分子里，含碳原子数越多，碳原子的结合方式就越趋复杂，同分异构体的数目就越多。见表 7-5。

表 7-5 部分烷烃的异构体数目

碳原子数	1	2	3	4	5	6	7	8	9	10	15	20
异构体数	1	1	1	2	3	5	9	18	35	75	4347	366319

同分异构现象是有机物普遍存在的重要现象，也是有机物种类繁多的原因之一。

三、烷烃的命名

1. 普通命名法

普通命名法是历史逐渐形成并且沿用至今的一种最常用的方法，又叫习惯命名法，其基本原则如下。

① 按分子中碳原子的数目称某烷，碳原子在十以内用甲、乙、丙、丁、戊、己、庚、辛、壬、癸表示，十以上用中文数字十一、十二……表示。

例如：　　$CH_3CH_2CH_2CH_3$　　　　$CH_3CH_2CH_2CH_2CH_2CH_2CH_2CH_2CH_2CH_2CH_2CH_3$

　　　　　　　　正丁烷　　　　　　　　　　　　　　正十二烷

② 为区分异构体常把直链的烷烃称"正"某烷。把链端第二位碳原子上连有一个甲基支链的叫做"异"某烷。把链端第二位碳原子上连有两个甲基支链的叫做"新"某烷。例如：

$$CH_3—CH_2—CH_2—CH_2—CH_3$$

正戊烷

$$CH_3—CH—CH_2—CH_3 \qquad\qquad CH_3—\overset{\displaystyle CH_3}{\underset{\displaystyle CH_3}{C}}—CH_3$$
$$\qquad\ \ \ |$$
$$\qquad\ \ CH_3$$

异戊烷   新戊烷

此法适用于含碳原子数较少、结构简单的烷烃，结构复杂的则不适用。

 思考

有机物 $CH_3—CH—CH—CH—CH_3$ 的名称？
$\qquad\qquad\quad |\ \ \ \ |\ \ \ \ |$
$\qquad\qquad CH_3\ CH_3\ CH_3$

2. 系统命名法

系统命名法是一种普遍适用的命名方法。它是采用国际上通用的 IUPAC（国际纯粹和应用化学协会）命名原则，我国又结合汉字特点制定出来的命名方法。

（1）直链烷烃的命名 对于直链烷烃的命名与普通命名法基本相同，但不写"正"字，例如：

$$CH_3—CH_2—CH_2—CH_2—CH_3$$

普通命名法   正戊烷

系统命名法   戊烷

（2）支链烷烃的命名 对于带支链的烷烃，可以看成是直链烷烃的烷基衍生物，应按下列规则命名。

① 选择主链。选定分子里最长的碳链做主链（母体），支链作为取代基。按照主链中所含的碳原子数目称为"某烷"，作为母体名称。例如：

$$\boxed{CH_3—CH—CH—CH_2—CH_2—CH_3} \ \leftarrow 主链,作为母体$$
$$\qquad\quad |\ \ \ \ |$$
$$\qquad\ \boxed{CH_3}\boxed{CH_3}$$

支链,作为取代基

上式主链中含有 6 个碳原子，母体名称为"己烷"。

② 确定主链碳原子的位次（编号）。把主链中离支链最近的一端作为起点，用阿拉伯数字给主链上的碳原子依次编号定位，以确定支链（取代基）的位置。例如：

$$\overset{1}{CH_3}—\overset{2}{CH}—\overset{3}{CH}—\overset{4}{CH_2}—\overset{5}{CH_2}—\overset{6}{CH_3}$$
$$\qquad\ \ |\ \ \ \ |$$
$$\qquad CH_3\ CH_3$$

③ 写出全称。依次写出取代基的位次、数目、名称，母体名称。如果取代基相同，合并起来用二、三等数字表示其数目，相同取代基位置之间用","隔开，不同的取代基，简单的写在前面，复杂的写在后面，阿拉伯数字与汉字之间用半字线"-"连接。例如：

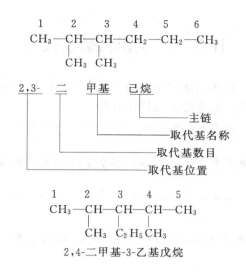

复习与讨论

1. 什么叫有机化合物？
2. 同位素、同素异形体、同系物、同分异构体、同种物质有什么区别及联系？
3. 找一找自己家的厨房里有哪些有机化合物，查一查它们具有哪些性质？

知识窗   **爆炸极限**

可燃气体、可燃液体的蒸气或可燃粉尘、纤维与空气形成的混合物遇火源会发生爆炸的极限浓度称为爆炸极限。通常用体积百分比来表示，其中在空气中能引起爆炸的最低浓度称为爆炸下限；最高浓度称为爆炸上限。混合物中可燃物浓度低于爆炸下限时，因含有过量的空气，空气的冷却作用阻止了火焰的蔓延；混合物中可燃浓度高于上限时由于空气量不足，火焰也不能蔓延，所以，浓度低于下限或高于上限时都不会发生爆炸。但在上限以上的混合物遇火可以燃烧起来。

某些可燃气体、易燃蒸气和空气混合时的爆炸极限见表 7-6。爆炸极限范围越大，其危险性越大。

表 7-6　某些常见物质的爆炸极限

物质名称	爆炸极限（体积分数）/%		物质名称	爆炸极限（体积分数）/%	
	下限	上限		下限	上限
氢气	4.0	75.6	甲烷	5.0	15.0
氨气	15.0	28.0	乙烷	3.0	15.5
一氧化碳	12.5	74.0	丙烷	2.1	9.5
二硫化碳	1.0	60.0	丁烷	1.5	8.5
乙炔	2.5	80.0	甲醛	7.0	73.0
氰化氢	5.6	41.0	乙醚	1.7	48.0
乙烯	3.0	33.5	丙酮	2.5	13.0
苯	1.2	8.0	汽油	1.4	7.6
甲苯	1.2	7.0	煤油	0.7	5.0
甲醇	5.5	36.0	乙酸	4.0	17.0
乙醇	3.5	19.0	乙酸乙酯	2.1	11.5
丙醇	1.7	48.0	硫化氢	4.3	45.0

注：根据爆炸极限可以知道它们的危险程度。

任务二 认识乙烯及烯烃

链烃分子中所含氢原子数比同数碳原子的烷烃少的烃称为不饱和链烃。不饱和烃又分为烯烃和炔烃。乙烯是最简单、最重要的烯烃代表物。

想一想

乙烯是石油炼制的重要产物之一，在日常生活所接触的物品中，哪些是以乙烯为原料制取的？

一、乙烯

乙烯是无色、略带甜味的气体，密度比空气略小，难溶于水，能溶于有机溶剂。

1. 乙烯的结构

思考

乙烯分子中碳碳双键与乙烷中碳碳单键有何不同？6 个原子如何排列的？

乙烯的分子式为 C_2H_4，结构式为

$$H-\overset{\displaystyle\overset{H}{|}}{C}=\overset{\displaystyle\overset{H}{|}}{C}-H,$$

结构简式是 $CH_2{=\!=}CH_2$。

乙烯分子中含有碳碳双键（$C{=\!=}C$），它的 2 个碳原子和 4 个氢原子都处于同一平面上。乙烯的分子模型见图 7-6。

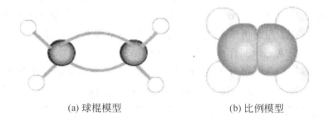

(a) 球棍模型　　　　　　(b) 比例模型

图 7-6　乙烯的分子模型

2. 乙烯的实验室制法

实验室里采用无水酒精和浓硫酸加热脱水制得乙烯。

动手操作

【实验 7-3】乙烯的制取。

按图 7-7 装置，在烧瓶中注入无水酒精和浓硫酸（$V_{无水酒精} : V_{浓硫酸} = 1 : 3$）的混合液约 20mL，放入几片碎瓷片，以避免混合液在受热沸腾时剧烈跳动（暴沸）。加热混合液，使液体温度迅速升到 170℃，这时就有乙烯生成。用排水集气法收集生成的乙烯。

讨论：

乙烯气体集满后，为什么要先将导气管从水槽里取出后，再熄灭酒精灯，停止加热？

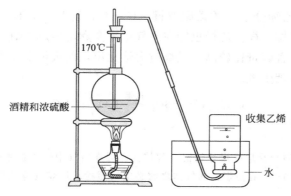

图 7-7　乙烯的实验室制法

浓硫酸在反应过程中起催化剂和脱水剂的作用。

$$H—\underset{\underset{\boxed{H}}{|}}{\overset{\overset{H}{|}}{C}}—\underset{\underset{\boxed{OH}}{|}}{\overset{\overset{H}{|}}{C}}—H \xrightarrow[170℃]{浓\ H_2SO_4} CH_2{=\!=}CH_2\uparrow+H_2O$$

3. 乙烯的化学性质

动手操作

【实验 7-4】点燃纯净的乙烯，观察乙烯燃烧时的现象。

【实验 7-5】将乙烯通入盛有 $KMnO_4$ 酸性溶液的试管中，如图 7-8 所示，观察试管里溶液颜色的变化。

【实验 7-6】将乙烯通入盛有溴的四氯化碳溶液的试管中，如图 7-9 所示，观察试管里溶液颜色的变化。

实验记录：

实　验	实 验 现 象	结　论
7-4		
7-5		
7-6		

讨论：

乙烯的分子里含有碳碳双键，与只含碳碳单键的烷烃相比，双键的存在对乙烯的化学性质产生怎样的影响？

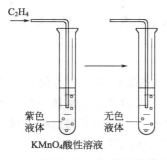

图 7-8　乙烯使 $KMnO_4$ 酸性溶液褪色

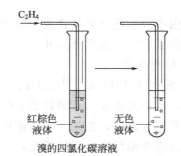

图 7-9　乙烯使溴的四氯化碳溶液褪色

（1）氧化反应　乙烯分子中的碳碳双键（C═C）其中一个键容易断裂，因此乙烯的化学性质很活泼。与甲烷一样，乙烯也能在空气中完全燃烧生成二氧化碳和水，同时放出大量的热。但乙烯分子里含碳量比较高，燃烧时火焰比甲烷的火焰明亮些，由于这些碳没有得到充分燃烧，所以有黑烟生成。

$$CH_2{=}CH_2+3O_2 \xrightarrow{\text{点燃}} 2CO_2+2H_2O$$

 注意

乙烯与空气或氧气的混合易形成爆炸性混合气体。乙烯在空气中爆炸极限是 3.0%～33.5%，在氧气中的爆炸极限是 3%～80%。在点燃乙烯气体之前必须按照检验甲烷气体纯度的方法检验乙烯气体的纯度。

乙烯易被氧化剂高锰酸钾氧化，使高锰酸钾溶液褪色。利用此反应可以区别甲烷和乙烯。

（2）加成反应　乙烯通入溴的四氯化碳溶液后，溴的红棕色很快褪去，说明乙烯与溴发生了反应。

$$H{-}\underset{H}{\overset{H}{C}}{=}\underset{H}{\overset{H}{C}}{-}H+Br_2 \longrightarrow H{-}\underset{Br}{\overset{H}{C}}{-}\underset{Br}{\overset{H}{C}}{-}H$$

1,2-二溴乙烷

在上述反应中，乙烯双键中的一个键断裂，2 个溴原子分别加在两个价键不饱和的碳原子上，生成无色的 1,2-二溴乙烷液体。这种在有机物分子中双键（或三键）两端的碳原子与其他原子或原子团直接结合生成新的化合物的反应，叫做加成反应。

在催化剂的存在下，乙烯还可以与水、氢气、卤化氢、氯气等物质发生加成反应。例如：

$$CH_2{=}CH_2+H_2O \xrightarrow[\text{高温、高压}]{\text{催化剂}} CH_3{-}CH_2OH$$

乙醇

（3）聚合反应　在一定条件下，若加成反应发生在乙烯分子之间，碳原子便互相结合生成长链的聚乙烯。化学方程式如下：

$$CH_2{=}CH_2+CH_2{=}CH_2+CH_2{=}CH_2+\cdots \xrightarrow{\text{催化剂}} CH_2{-}CH_2{-}CH_2{-}CH_2{-}CH_2{-}CH_2\cdots$$

该反应可简写为：

$$nCH_2{=}CH_2 \xrightarrow{\text{催化剂}} {+}CH_2{-}CH_2{+}_n$$

聚乙烯

这种由小分子化合物结合成大分子化合物的反应叫做聚合反应。聚乙烯是重要的塑料，它的相对分子质量可达几万到几十万。

4. 乙烯的用途

20 世纪 60 年代以来，世界上乙烯的产量迅速增长，乙烯已成为石油化学工业最重要的基础原料，工业上主要由石油热裂解的气体分馏而得。乙烯的产量是衡量一个国家化工发展水平的重要指标之一，也是一个国家综合国力的标志之一。乙烯用于制造聚乙烯、聚苯乙烯等塑料，合成维纶纤维、醋酸纤维、制造合成橡胶、有机溶剂等。乙烯还是一种植物生长调节剂，可用作果实的催熟剂。在长途运输中，为了避免果实发生腐烂，常常运输尚未完全成熟的果实，运到目的地后，再向存放果实的库房空气里混入少量乙烯，这样就可以把果实催熟。家庭里可把青香蕉和几个熟橘子放在同一塑料袋里或者把生苹果和熟苹果放在一起，由于水果在成熟过程中自身也会放出乙烯气体，所以利用熟水果放出的乙烯也可催熟水果。

二、烯烃

分子中含有碳碳双键（C=C）的不饱和链烃叫做烯烃。烯烃类化合物除乙烯外，还有丙烯（$CH_3CH=CH_2$）、丁烯（$CH_3CH_2CH=CH_2$）等一系列化合物，它们在组成上也是相差一个或几个"CH_2"原子团，都是乙烯的同系物。

在烯烃分子中，由于双键的存在，使得烯烃分子中含有的氢原子数，比相同碳原子的烷烃分子中所含氢原子数少2个，所以烯烃分子的通式为C_nH_{2n}。

烯烃的物理性质一般也随碳原子数目的增加而递变。即熔点、沸点、液态时的密度等物理性质依次递增。表7-7列出了几种烯烃的物理性质。

表 7-7　几种烯烃的物理性质

名称	结 构 简 式	常温时状态	熔点/℃	沸点/℃	相对密度（d_4^{20}）
乙烯	$CH_2=CH_2$	气	−169.2	−103.7	0.566（在沸点时）
丙烯	$CH_3CH=CH_2$	气	−185.2	−47.4	0.5193
1-丁烯	$CH_3CH_2CH=CH_2$	气	−185.3	−6.3	0.5951
1-戊烯	$CH_3(CH_2)_2CH=CH_2$	液	−138	30	0.6405
1-己烯	$CH_3(CH_2)_3CH=CH_2$	液	−139.8	63.4	0.6731
1-庚烯	$CH_3(CH_2)_4CH=CH_2$	液	−119	93.6	0.6970

由于烯烃的分子中均含有碳碳双键，所以烯烃的化学性质跟乙烯相类似，容易发生加成反应、氧化反应等，使溴的四氯化碳溶液及高锰酸钾溶液褪色。烯烃也可以使溴水褪色，因此常用溴水代替溴的四氯化碳溶液检验烯烃。

烯烃的系统命名与烷烃相似，但有如下不同。

① 选择含有碳碳双键的最长碳链为主链，按主链碳原子数目称为"某烯"。

② 主链碳原子的编号应从靠近双键的一端开始，并将双键的位置用阿拉伯数字写在某烯的前面，同时用"-"短线隔开。例如：

$$CH_2=CH-CH_2-CH_3$$
1-丁烯

$$CH_3-CH=CH-CH-CH_3$$
$$|$$
$$CH_3$$
4-甲基-2-戊烯

📖 复习与讨论

1. 目前工业上生产乙烯最主要的途径是什么？

2. 向溴水中通入足量的乙烯，能使溴水褪色，怎样通过实验证明发生的是加成反应而不是取代反应？

任务三　认识乙炔及炔烃

想一想

2006年某天上午，一气体公司内因乙炔泄漏而发生爆炸，爆炸中厂房被掀掉房顶，用来装乙炔的钢瓶和生产用的设备被大火熏得焦黑。乙炔是一种具有什么性质的气体，为什么会发生爆炸？

一、乙炔

乙炔俗名电石气。纯净的乙炔是无色、无味的气体。一般由电石（CaC_2）和水反应制得的乙炔，因常混有少量的磷化氢、硫化氢等杂质而有特殊难闻的臭味。乙炔密度比空气稍小，微溶于水，易溶于有机溶剂。

1. 乙炔的结构

乙炔的分子式为 C_2H_2，结构式为 $H—C\equiv C—H$，简式为 $CH\equiv CH$，其分子呈直线型。乙炔的分子模型如图 7-10 所示。

(a) 球棍模型　　　　　　　　　(b) 比例模型

图 7-10　乙炔的分子模型

思考

1. 比较乙烯和乙炔的分子组成有何不同？
2. 乙炔分子中两个碳氢键的键角为多少？

2. 乙炔的制法

在实验室里常用电石（CaC_2）和水反应制取乙炔。

$$CaC_2 + 2H_2O \longrightarrow Ca(OH)_2 + C_2H_2\uparrow$$
碳化钙　　　　　　　　　　　　乙炔

动手操作

【实验 7-7】乙炔的制取。

按图 7-11 装置。在干燥的烧瓶中放几块碳化钙，慢慢旋开分液漏斗的旋塞，使水缓慢地滴入（为了缓解反应，可用饱和食盐水代替），用排水法收集乙炔。观察乙炔的颜色、状态。

讨论：

1. 取电石要用镊子夹取，为什么不能用手直接拿电石？
2. 作为反应容器的烧瓶在使用前为什么要进行干燥处理？
3. 实验室制乙炔能否使用启普发生器？为什么？
4. 为什么用排水法收集乙炔气体？

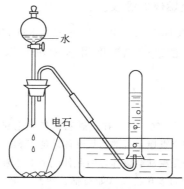

图 7-11 乙炔的制取

工业上用的大量乙炔，主要是从天然气和石油为原料加工得到的。

3. 乙炔的化学性质

动手操作

【实验 7-8】点燃已经验纯后的乙炔，如图 7-12 所示，观察乙炔燃烧时的现象。

【实验 7-9】把纯净的乙炔通入盛有 $KMnO_4$ 酸性溶液的试管中，如图 7-13 所示，观察溶液颜色的变化。

【实验 7-10】把纯净的乙炔通入盛有溴的四氯化碳溶液的试管中，如图 7-14 所示，观察溶液颜色的变化。

实验记录：

实　验	实 验 现 象	结　论
7-8		
7-9		
7-10		

讨论：

乙炔在化学性质上是不是类似于乙烯？

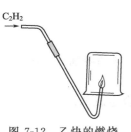

图 7-12　乙炔的燃烧

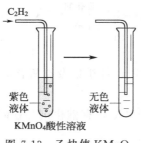

$KMnO_4$酸性溶液

图 7-13　乙炔使 $KMnO_4$
酸性溶液褪色

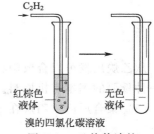

溴的四氯化碳溶液

图 7-14　乙炔使溴的
四氯化碳溶液褪色

乙炔在分子结构上类似于乙烯，分子中含有碳碳三键（$C \equiv C$），其中两个键较易断裂，其化学性质和乙烯基本相似，易发生氧化反应、加成反应等。

（1）氧化反应　点燃纯净的乙炔，火焰明亮并伴有浓烈的黑烟。这是因为乙炔含碳的质量分数比乙烯还高，碳没有完全燃烧的缘故。

$$2CH{\equiv}CH + 5O_2 \xrightarrow{\text{点燃}} 4CO_2 + 2H_2O$$

乙炔在纯氧中燃烧时，产生的氧炔焰温度可达 3000℃ 以上，工业上常利用它来焊接或切割金属。

 注意

乙炔在空气里的爆炸极限是 2.5%～80.0%，在点燃乙炔气体之前，必须按照检验甲烷纯度的方法检验乙炔气体的纯度。只有纯度符合安全点燃要求的乙炔气体才能点燃。否则，极有可能引发爆炸事故。

乙炔在加压下不稳定，液态乙炔受震动会爆炸，因此使用时必须注意安全。乙炔在丙酮中的溶解度很大，尤其在加压下。一般用浸有丙酮的多孔物质（如石棉、活性炭等）吸收乙炔后，一起储存在钢瓶中，这样可安全的储存和运输。

乙烯、乙炔属于不饱和烃，它们均可使酸性高锰酸钾溶液褪色，因此可用来鉴别饱和烃与不饱和烃。

（2）加成反应　乙炔通入溴的四氯化碳溶液后，溴的颜色逐渐褪去。这说明乙炔也能与溴发生加成反应，反应过程可分步表示如下：

$$H{-}C{\equiv}C{-}H + Br_2 \longrightarrow \underset{\underset{\text{1,2-二溴乙烯}}{Br \quad Br}}{H{-}C{=}C{-}H}$$

$$\underset{Br \quad Br}{H{-}C{=}C{-}H} + Br_2 \longrightarrow \underset{\underset{\text{1,1,2,2-四溴乙烷}}{Br \quad Br}}{\overset{Br \quad Br}{H{-}C{-}C{-}H}}$$

加成反应是不饱和烃的特征反应。不饱和烃可使溴水褪色，因此常用溴水代替溴的四氯化碳溶液来鉴别饱和烃与不饱和烃。

在有催化剂存在的条件下加热，乙炔也能与氯化氢起加成反应生成氯乙烯：

$$HC{\equiv}CH + HCl \xrightarrow[\triangle]{\text{催化剂}} \underset{\text{氯乙烯}}{H_2C{=}CHCl}$$

氯乙烯可用来制聚氯乙烯塑料，用作包装材料和防雨材料。其反应式为：

$$n\underset{\underset{Cl}{|}}{CH_2{=}CH} \xrightarrow[\triangle]{\text{催化剂}} \underset{\underset{\underset{\text{聚氯乙烯}}{Cl}}{|}}{{\Big[}CH_2{-}CH{\Big]}_n}$$

从乙炔出发可以合成塑料、橡胶、纤维以及有机合成的重要原料和溶剂等，因此，乙炔是一种重要的基本有机原料。

（3）聚合反应　乙炔在 600～650℃，有催化剂存在时，能聚合生成苯。

这一反应使链状化合物与环状化合物联系起来。

二、炔烃

链烃分子里含有碳碳三键（C≡C）的不饱和烃叫做炔烃。除乙炔外，还有丙炔、丁炔等。乙炔的同系物也依次相差 1 个"CH_2"原子团，炔烃比同数碳原子的烯烃少 2 个氢原子，所以炔烃的通式是 C_nH_{2n-2}。

炔烃的物理性质递变规律跟烯烃相似，也是随着碳原子数目的增加而递变。表 7-8 列出了几种炔烃的物理性质。

表 7-8　几种炔烃的物理性质

名　称	结构简式	常温时状态	熔点/℃	沸点/℃	相对密度(d_4^{20})
乙炔	CH≡CH	气	−80.8(加压)	−84	0.618(在沸点时)
丙炔	CH₃C≡CH	气	−101.5	−23.2	0.671(在沸点时)
1-丁炔	CH₃CH₂C≡CH	气	−125.7	8.1	0.668(在沸点时)
1-戊炔	CH₃CH₂CH₂C≡CH	液	−90	40.2	0.690

炔烃的化学性质与乙炔类似，如容易发生加成反应、氧化反应等。

炔烃的系统命名法和烯烃相似。只要将"烯"字改为"炔"字即可。例如：

$$CH≡C—CH_2—CH_3 \qquad\qquad CH≡C—\underset{\underset{CH_3}{|}}{CH}—CH_3$$

1-丁炔　　　　　　　　　　　3-甲基-1-丁炔

 复习与讨论

1. 乙烯、乙炔分别通入溴的四氯化碳溶液中，哪一个褪色较快？试分析其原因。
2. 通过多种途径搜集整理乙炔及其作为有机合成原料时在生活中的重要用途。

任务四　认识苯及芳香烃

想一想

苯是一种致癌物质，轻度中毒会造成嗜睡、头痛、头晕、恶心、胸部紧束感等，并可有轻度黏膜刺激症状。重度中毒可出现视物模糊、呼吸浅而快、心律不齐、抽搐和昏迷。苯是属于哪类物质，具有什么性质？

一、苯

苯是无色、有特殊气味的液体，苯有毒，不溶于水，密度比水小，熔点为 5.5℃，沸点为 80.1℃，是一种易挥发的液体。

苯是一种很重要的化工原料，它广泛用来合成纤维、合成橡胶、农药、塑料、染料、香料等。苯是常用的有机溶剂。

1. 苯的结构

苯的分子式是 C_6H_6，结构式为 ⬡（含H标注的结构式） 或简写为 ⬡ 。

从苯的结构式（又称凯库勒❶式）来看，苯的化学性质应该显示出不饱和烃的性质。事实是怎样的呢？

动手操作

【实验 7-11】苯与溴水及高锰酸钾酸性溶液能否反应。

在盛有少量苯的 2 支试管中，分别加入溴水和 $KMnO_4$ 酸性溶液，充分振荡，静置，观察现象。

实验现象：

实验表明，苯不能使溴水和 $KMnO_4$ 酸性溶液褪色。这说明，苯既不能与溴水发生加成反应，又不能被酸性 $KMnO_4$ 氧化。由此可知，苯在化学性质上与一般不饱和烃有很大差别，苯必有特殊的结构。

经过研究发现，苯分子里不存在一般的碳碳双键，苯分子中的 6 个碳原子和 6 个氢原子在同一平面上，6 个碳原子形成正六边形的环状结构，如图 7-15 所示。6 个碳碳键都是相同的，它既不同于一般的单键，也不同于一般的双键，而是一种介于两者之间的特殊的化学键。为了表示苯分子的特殊结构，苯的结构简式也常用 ⬡ 表示。苯分子的比例模型如图 7-16 所示。由于习惯，苯的结构简式 ⬡ 仍被沿用，但绝不应认为苯是单、双键交替组成的环状结构。

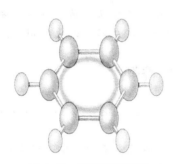

图 7-15　苯的环状结构

图 7-16　苯分子的比例模型

2. 苯的化学性质

苯分子的特殊结构决定了苯的特殊化学性质，如易取代、难加成、难氧化。

（1）取代反应　苯分子里的氢原子能被其他原子或原子团取代而发生的反应。

① 苯的卤代反应。在催化剂存在时，苯分子中的氢原子能被纯溴取代。

$$\text{⬡} + Br_2 \xrightarrow{\text{Fe 或 } FeBr_3} \text{⬡}-Br + HBr$$

② 苯的硝化反应。苯与浓硝酸和浓硫酸的混合酸共热至 50～60℃ 发生下列反应。

$$\underset{\text{浓硝酸}}{\text{⬡} + HO-NO_2} \xrightarrow[\triangle]{\text{浓硫酸}} \underset{\text{硝基苯}}{\text{⬡}-NO_2} + H_2O$$

苯分子中的氢原子被—NO_2（硝基）所取代的反应，称为硝化反应。

---

❶ 凯库勒（F. A. KEKULE，1829—1896）德国有机化学家，苯的凯库勒式是在 1865 年提出的。

硝基苯是一种无色油状液体，有苦杏仁味，密度比水大，难溶于水，易溶于乙醇和乙醚。硝基苯是一种化工原料，人若吸入硝基苯或与皮肤接触，可引起中毒。硝基苯能被还原成苯胺，苯胺是制造染料的重要原料。

③ 苯的磺化反应。苯与浓硫酸共热（70～80℃），发生下列反应。

苯分子中的氢原子被—SO_3H（磺酸基）所取代的反应，称为磺化反应。

（2）加成反应　苯不具有典型的碳碳双键所应有的加成反应，但在特定的条件下，如在催化剂、高温、高压、光照的影响下，仍可发生一些加成反应。例如：苯在一定条件下，可与氢气发生加成反应。

（3）氧化反应　苯虽不能被高锰酸钾氧化，但可在空气中燃烧，生成二氧化碳和水。

$$2C_6H_6 + 15O_2 \xrightarrow{\text{燃烧}} 12CO_2 + 6H_2O$$

苯燃烧时发生明亮的带有浓烟的火焰，这是由于苯分子里含碳的质量分数很大的缘故。

苯也是一种重要的有机化工原料，它可生产合成纤维、合成橡胶、塑料、农药、医药、染料、香料等，同时也是常用的有机溶剂。

思考

比较苯的化学性质与烷烃、烯烃的异同。哪些事实可以说明苯分子并不是单、双键相间的结构？

二、芳香烃

分子中含有苯环结构的烃叫做芳香烃。芳香烃包括苯及其同系物、萘、蒽等。

甲苯、乙苯、邻二甲苯属于苯的同系物，它们是常见的芳香烃。苯的同系物的通式为 C_nH_{2n-6}（$n \geq 6$ 的正整数）。

苯的同系物在性质上跟苯有许多相似之处，如燃烧时都产生带浓烟的火焰，都能发生苯环上的取代反应。例如，甲苯可以和浓硝酸、浓硫酸的混合酸发生反应，苯环上的氢原子被硝基（—NO_2）取代，生成 2,4,6-三硝基甲苯。

2,4,6-三硝基甲苯简称三硝基甲苯，又叫梯恩梯（TNT），是一种烈性炸药，在国防、开矿、筑路、兴修水利等方面都有广泛用途。

由于苯环和侧链的相互影响，使苯的同系物也有一些化学性质跟苯不同。

动手操作

【实验 7-12】苯的同系物与 $KMnO_4$ 酸性溶液的反应。

把苯、甲苯、邻二甲苯各 2mL 分别注入 2 支试管，各加入 $KMnO_4$ 酸性溶液 3 滴，用力振荡，观察现象。

结论：

从实验中可以看到，苯不能使 $KMnO_4$ 酸性溶液的紫色褪去，而甲苯、邻二甲苯却能使溶液的紫色褪去，这说明甲苯、邻二甲苯能被 $KMnO_4$ 氧化。在上述反应中，被氧化的是苯环上的侧链，也就是甲基。此性质可用以区分苯和苯的同系物。

注意

苯及其同系物对人有一定的毒害作用。长期吸入它们的蒸气能损坏造血器官和神经系统。储藏和使用这些化合物的场所应加强通风，操作人员应注意采取保护措施。

复习与讨论

1. 涂料所用的溶剂主要是汽油、苯、甲苯、甲醛等，装修居室时，最好选用环保型的装饰材料和家具，同时注意保持室内通风，这是为什么？

2. 苯与硝酸发生取代反应的温度为 50～60℃，生成 〔苯-NO₂〕，而甲苯在约 30℃ 的温度下就能与硝酸发生取代反应，并且生成 〔图：甲苯三硝基取代物〕，为什么二者的性质不完全相同？

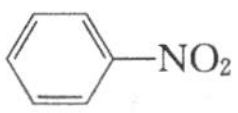

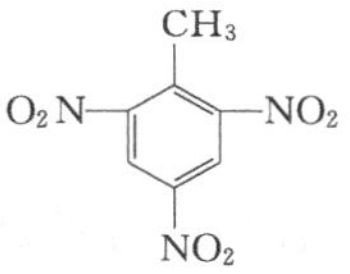

知识窗　　　　　　**石油和煤**

1. 石油

石油，人们称之为"工业的血液"。它是一种重要的能源，也是宝贵的基本化工原料。石油是古代动植物遗体在地壳内经过非常复杂的变化而形成的。开采出来的石油是一种黑褐色的黏稠液体，称为原油，有特殊的气味，比水轻，不溶于水。没有固定的熔点和沸点。

石油的成分很复杂，主要含碳氢两种元素。碳占 83％～87％，氢占 11％～14％。此外还含有少量的氧、氮、硫等元素。石油主要是各种烷烃、环烷烃、芳香烃等的混合物。不同产地的石油，其成分不尽相同。烃的自然界来源主要是石油。

从矿井里开采出来的石油经过脱水、脱盐处理，然后才能炼制加工。石油的加工主要有分馏和裂化两种。

（1）石油的分馏　石油中的各类烃，随着分子中碳原子数的增加其沸点逐渐升高，因此可以逐步加热，分段控制一定的沸点范围，则不同沸点的烃就会先后气化并经冷凝分离出来。这样，通过加热和冷凝，可以把石油分成不同沸点范围的产物，这种方法叫做石油的分馏。分馏出来的不同沸点的蒸馏产物统称为馏分。各级馏分的产品及用途表 7-9 所示。

表 7-9　石油分馏的产品和用途

分馏产品		沸点范围	含碳原子数	用　途
石油气		先分馏出的馏分	$C_1 \sim C_4$	气体燃料
汽油		70~180℃	$C_5 \sim C_{10}$	重要的内燃机燃料和溶剂
煤油		180~280℃	$C_{10} \sim C_{16}$	拖拉机燃料和工业洗涤剂
柴油		280~350℃	$C_{17} \sim C_{20}$	重型汽车、军舰、坦克、轮船、拖拉机和各种柴油机的燃料
重油	润滑油	360℃以上	$C_{16} \sim C_{20}$	机械润滑剂和防锈剂
	凡士林		$C_{18} \sim C_{20}$	润滑剂、防锈剂和药物软膏原料
	石蜡		$C_{20} \sim C_{30}$	制造蜡纸、蜡烛和绝缘材料
	沥青		$C_{30} \sim C_{40}$	筑路和建筑材料,也是防腐涂料

（2）石油的裂化和裂解　为了从石油中得到更多的高质量的汽油等产品,可对石油进行裂化处理。裂化就是在一定的条件下,把相对分子质量较大、沸点较高的烃断裂为相对分子质量较小、沸点较低的烃的过程。例如:十六烷可裂解为辛烷和辛烯。

裂解是石油化工生产过程中,以比裂化更高的温度（700~800℃,有时甚至高达 1000℃以上）,使石油分馏产物（包括石油气）中的长链烃断裂成乙烯、丙烯等小分子烃的加工过程。裂解气经净化和分离,就可以得到所需纯度的乙烯、丙烯等基本有机化工原料。

2. 煤

煤是蕴藏在地壳内的另一种重要的资源。煤可以分为无烟煤、烟煤和褐煤等,它们的含量分别为95%、70%~80%、50%~70%。煤主要含碳外,还含有少量的硫、磷、氢、氧、氮等元素及其无机矿物质,煤是以碳为主但含有多种有机物等的复杂混合物。

将煤隔绝空气加强热使其分解的过程,叫做煤的干馏。表 7-10 列出了煤干馏的主要产物和用途,煤经干馏可得到多种产品。

表 7-10　煤干馏的主要产物和用途

干馏产品		主 要 成 分	用 途
焦炭		碳	冶金、电石、燃料等
煤焦油		酚类、萘等(170~230℃)	染料、医药、农药、合成材料等
		沥青(俗名柏油)(分馏后的残渣)	筑路材料、电极
		苯、甲苯、二甲苯等(170℃以下)	炸药、染料、医药、合成材料等
出炉煤气	粗苯	苯、甲苯、二甲苯等(170℃以下)	炸药、染料、医药、农药、合成材料等
	粗氨水	氨和铵盐	氮肥
	焦炉气	氢气、甲烷、乙烯、一氧化碳	气体燃料和化工原料

我国是世界上煤蕴藏量很丰富的国家之一,也是世界上最早利用煤炭、最早制成焦炭的国家。目前我国的煤产量居世界首位。为了能更好地利用煤这种资源,不应把煤作为直接的燃料,而应把煤转化为气体燃料和液体燃料,转化为生产化肥、塑料、炸药、染料、医药、合成橡胶、合成纤维等的多种重要化工原料。煤的综合利用具有非常重要的意义。有人把煤称为"工业的粮食",说明了它在国民经济中的重要地位。

天然气水合物——未来洁净的新能源

科学家发现,地球上有一种可燃气体和水结合在一起的固体化合物,因外形与冰相似,所以叫它"可燃冰","冰块"里甲烷占 80%~99.9%,可直接点燃,燃烧后几乎不产生任何残渣。这种可燃冰的形成途径有两条:一是气候寒冷致使矿层温度下降,加上地层的高压力,使原来分散在地壳中的烃类化合物和地壳中的水形成气—水结合的矿层；二是由于海洋里大量的生物和微生物死亡后留下的尸体不断沉积到海底，很快分解成有机气体甲烷、乙烷等，这样，它们便钻进海底结构疏松的沉积岩微孔，和水形成化合物。

$1m^3$ 这种可燃冰燃烧，相当于 $164m^3$ 的天然气燃烧所产生的热值。据粗略估算，在地壳浅部，可燃冰储层中所含的有机碳总量，大约是全球石油、天然气和煤等化石燃料含碳量的两倍。但目前开发技术问题还没有解决，一旦获得技术上的突破，可燃冰将加入新的世界能源的行列。

可燃冰在自然界分布非常广泛，海底以下 0～1500m 深的大陆架或北极等地的永久冻土带都有可能存在。海底可燃冰分布的范围约 4000 万平方公里，占海洋总面积的 10％，海底可燃冰的储量够人类使用 1000 年。世界上有 79 个国家和地区都发现了天然气水合物气藏。根据地质条件分析，可燃冰在我国分布十分广泛，我国南海、东海、黄海等近 300 万平方公里广大海域以及青藏高原的冻土层，都有可能存在。

单 元 小 结

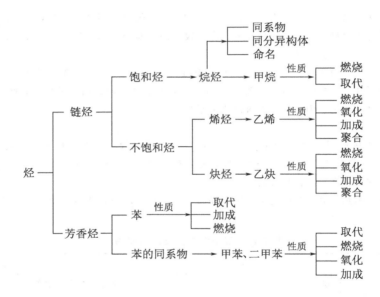

学 习 反 馈

一、选择题

1. 下列含碳化合物属于有机物的是（　　　　）。

    A. CO_2 B. H_2CO_3 C. Na_2CO_3 D. CH_4

2. 我国实施的"西气东输"工程，即从新疆开发天然气，贯穿东西多省市一直引至上海的举世瞩目的超大工程。下列关于天然气的叙述不正确的是（　　　　）。

    A. 天然气和沼气的主要成分都是甲烷   B. 天然气和空气混合点燃时，不会发生爆炸

    C. 天然气燃烧的废气中 SO_2 等污染物的含量少   D. 天然气又叫坑气

3. "可燃冰"又称"天然气水合物"，它是在海底的高压、低温条件下形成的，外形与冰相似。1 体积"可燃冰"可储载 100～200 体积的天然气。下面关于"可燃冰"的叙述不正确的是（　　　　）。

    A. "可燃冰"有可能成为人类未来的重要能源

    B. "可燃冰"是一种比较洁净的能源

    C. "可燃冰"提供了水可能变成油的例证

    D. "可燃冰"的主要可燃成分是甲烷

4. 实验室制取乙烯时，需要用到浓硫酸，它的作用是（　　　　）。

①反应的原料　　②脱水剂　　③催化剂　　④干燥剂

　　A. 只有②　　　　　　　B. 只有②④　　　　　　C. 只有①　　　　　　D. 只有②③

5. 下列说法正确的是（　　　　）。

　　A. 含有双键的物质是烯烃　　　　　　　　B. 能使溴水褪色的物质是烯烃

　　C. 分子式为 C_4H_8 的链烃一定是烯烃　　　D. 分子中所有原子在同一平面的烃是烯烃

6. 能用酸性高锰酸钾溶液鉴别的一组物质是（　　　　）。

　　A. 乙烯、乙炔　　　B. 苯、己烷　　　　C. 苯、甲苯　　　　D. 己烷、丁烷

7. 下列说法正确的是（　　　　）。

　　A. 相对分子质量相同的物质是同种物质　　B. 分子式相同的不同有机物一定是同分异构体

　　C. 具有同一通式的物质是同系物　　　　　D. 分子中含有碳和氢的化合物一定是烃

二、判断题

1. 乙烷在空气里可以点燃，在光照条件下也能跟氯气发生取代反应。　　　　　　　　（　　）

2. 烷烃同系物具有相同的分子通式。　　　　　　　　　　　　　　　　　　　　　（　　）

3. 乙烯在空气里燃烧时，火焰比甲烷燃烧时的火焰明亮，而且有黑烟生成。　　　　　（　　）

4. $CH_2\!=\!CH_2$ 和 $CH_3\!-\!CH_2\!-\!CH\!=\!CH_2$ 两种烃一定是同系物。　　　　　　　　（　　）

5. 乙炔和空气的混合物遇火会发生爆炸，液态乙炔不易发生爆炸，常储存在钢瓶中，可安全地运输和使用。　　　　　　　　　　　　　　　　　　　　　　　　　　　　　　　　　　（　　）

6. 分子式相同，结构不同的化合物互称为同分异构体。　　　　　　　　　　　　　（　　）

7. 芳香族化合物都具有芳香气味。　　　　　　　　　　　　　　　　　　　　　　（　　）

8. 石油分馏出来的每一种馏分仍然是多种烃的混合物。　　　　　　　　　　　　　（　　）

三、填空题

1. 衣服上沾有动、植物的油污，用水洗不掉，但可以用汽油洗去，这是因为大多数有机物难_____而易_____；有机化工厂附近严禁火种，这是因为绝大多数有机物_____；有机化合物间反应速率比一般无机物间的反应速率____，所以反应时常需____或使用_____以_____。

2. 乙烯是石油裂解的主要产物之一。将乙烯通入溴的四氯化碳溶液中，观察到的现象是_____；其反应方程式为_____。乙烯对水果具有_____功能。

3. 有 4 种无色液态物质：己烯、己烷、苯和甲苯，符合下列各题要求的分别是：

（1）不能与溴水和酸性 $KMnO_4$ 溶液反应，但在 Fe 屑作用下能与液溴反应的是____，生成的有机物是_____，反应的化学方程式为_____。此反应属于_____反应。

（2）不与溴水和酸性 $KMnO_4$ 溶液反应的是_____；

（3）能与溴水和酸性 $KMnO_4$ 溶液反应的是_____；

（4）不与溴水反应但能与 $KMnO_4$ 溶液反应的是_____。

四、实验题

1. 实验室制 CH_4 是用无水醋酸钠和碱石灰固体共热制取，其反应方程式为：

$$CH_3COONa + NaOH \xrightarrow[\triangle]{CaO} CH_4\uparrow + Na_2CO_3$$

请回答下列问题：

① 实验室制取甲烷所用的仪器有_____。

② 收集甲烷气体可采用的方法有_____。

③ 从反应方程式可知，CaO 并未参与反应，请问 CaO 的作用是_____。（已知 CaO 不是此反应的催化剂）

2. 实验室里用乙醇和浓硫酸来制取乙烯

（1）在烧瓶里注入乙醇和浓硫酸的体积比约是_____，反应的化学方程式是：_____。

（2）反应中需用到温度计，其水银球的位置应在_____。

（3）用酒精灯加热时，要求使液体温度迅速升到170℃，其原因是＿＿＿＿＿＿＿。

（4）实验结束后，应将反应后的残液倒入指定的容器中，某学生在未倒去残液的情况下，注入水来洗涤烧瓶，这样做可能造成的后果是＿＿＿＿＿＿＿。

五、问答题

1. 同系物与同分异构体有何区别？举例说明。

2. 举例说明不饱和链烃的化学通性。

3. 用电石与水反应制取乙炔时常混有 PH_3、H_2S 等杂质，如何除去这些杂质？

4. 某烃的分子式是 C_7H_8，它能使 $KMnO_4$ 酸性溶液褪色，在一定条件下能跟 H_2 起加成反应。写出这种烃的结构式。

5. 下列各种化合物各属于哪一类链烃或芳香烃？写出它们的名称和结构式。

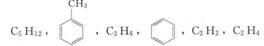

C_5H_{12}，　　　　　，C_3H_6，　　　　　，C_2H_2，C_2H_4

六、写出下列反应的化学方程式并指出反应类型

1. 乙烯与水反应

2. 用乙炔制取氯乙烯

3. 乙炔与氢气反应

4. 苯与浓硝酸（混有浓硫酸）的反应

七、计算题

某烷烃含碳 83.33%，在标准状况下，该烃的气体体积为 2.24L，质量为 7.2g。求该烃的分子式，写出它可能有的同分异构体的结构式，并用系统命名法命名。

单元八　烃的衍生物

任务目标

1. 认识醇、酚、醛、羧酸的典型代表物的组成和结构特点，知道它们的转化关系。

2. 根据有机化合物的组成和结构特点，认识氧化、消去和酯化反应。

3. 结合生活经验和化学实验，认识烃的衍生物对环境和健康可能产生的影响，初步形成环境保护意识。关注有机化合物的安全使用问题。

烃分子中的氢原子被其他原子或原子团取代或从分子结构上可以看成是烃分子里的氢原子被其他原子或原子团取代的有机物叫做烃的衍生物。

烃的衍生物具有与相应的烃不同的化学特性，这是因为取代氢原子的原子或原子团对于烃的衍生物的性质起着重要的作用。这种决定化合物的化学特性的原子或原子团叫做官能团。卤素原子（—X）、硝基（—NO$_2$）都是官能团，而碳碳双键和碳碳三键则分别是烯烃和炔烃的官能团。

烃的衍生物种类很多，本单元通过典型代表物认识醇、酚、醛、羧酸等烃的重要衍生物。

任务一　认识乙醇

淀粉在酶的催化下，发酵就生成了酒。我国是酒的发源地，有悠久历史。酒的主要成分是乙醇，乙醇俗称酒精。

> **想一想**
>
> 你对酒的主要成分乙醇有哪些认识？

一、乙醇的分子结构式

乙醇可以看作是乙烷分子里的一个氢原子被羟基（—OH）取代后的产物，乙醇的结构

式为 $H-\overset{\overset{H}{|}}{\underset{\underset{H}{|}}{C}}-\overset{\overset{H}{|}}{\underset{\underset{H}{|}}{C}}-OH$ ，简写为 CH_3CH_2OH 或 C_2H_5OH。乙醇分子的比例模型见图 8-1。

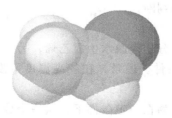

图 8-1　乙醇分子的比例模型

思考

1. 乙醇是极性分子还是非极性分子？用什么事实可以证明？
2. 乙醇溶于水是否导电？为什么？

二、乙醇的物理性质

乙醇是无色、透明、有特殊香味的液体，比水轻，沸点为 78.5℃，易挥发，能与水及大多数有机溶剂混溶。酒中乙醇的体积分数，称为酒的度数，1°表示 100mL 酒中含有 1mL 乙醇。

三、乙醇的化学性质

动手操作

【实验 8-1】在大试管里注入 2mL 左右无水乙醇，再放入两小块新切开用滤纸擦干的金属钠，观察实验现象。

【实验 8-2】设法收集反应生成的气体并检验。

实验记录：

实　验	实 验 现 象	结　论
8-1		
8-2		

讨论：

你能写出金属钠与乙醇反应的化学方程式吗？请与同学交流你这样书写的理由。

1. 乙醇与金属钠的反应

$$2CH_3CH_2OH + 2Na \longrightarrow 2CH_3CH_2ONa + H_2 \uparrow$$

这个反应类似于水与钠的反应，因此乙醇可以看作是水分子里的氢原子被乙基取代的产物。乙醇与钠的反应比水与钠的反应要缓和得多，这说明乙醇羟基中的氢原子不如水分子中的氢原子活泼。

2. 乙醇的氧化反应

乙醇除了燃烧时能生成二氧化碳和水外，在加热和有催化剂（Cu 或 Ag）存在的条件下，也能与氧气发生氧化反应，生成乙醛。

$$2CH_3CH_2OH + O_2 \xrightarrow[\triangle]{Cu \text{ 或 } Ag} 2CH_3CHO + 2H_2O$$

检验汽车司机是否酒后开车的仪器，就是依据这个原理设计而成的。仪器里装有经过酸化处理过的黄色的氧化剂三氧化铬（CrO_3）硅胶，若司机酒后开车，呼出的气体含有乙醇蒸气，通过仪器遇到三氧化铬就会被氧化成乙醛，同时黄色的三氧化铬被还原成蓝绿色的硫酸铬，通过颜色的变化就可作出判断。

3. 乙醇的脱水反应

乙醇脱水有两种形式，一种分子内脱水生成乙烯；另一种是分子间脱水生成乙醚。具体以哪一种方式脱水则要看反应条件。通常，在较高温度下发生分子内的脱水（消去反应）；在较低温度下发生分子间脱水。

（1）分子内脱水　有机化合物在一定条件下，从一个分子中脱去一个小分子（如 H_2O、HBr 等），而生成不饱和（含双键或三键）化合物的反应，叫做消去反应。

$$H-\underset{\underset{OH}{|}}{\underset{|}{C}}-\underset{\underset{H}{|}}{\underset{|}{C}}-H \xrightarrow[170℃]{浓 H_2SO_4} CH_2=CH_2\uparrow + H_2O$$
乙烯

（2）分子间脱水

$$C_2H_5\!+\!OH\!+\!H\!O-C_2H_5 \xrightarrow[140℃]{浓 H_2SO_4} C_2H_5-O-C_2H_5 + H_2O$$
乙醚

相同的反应物在不同的条件下，生成不同的产物。可见在化学反应中，控制反应条件是很重要的。以上事实说明，羟基比较活泼，它决定着乙醇的主要化学性质。

四、乙醇的用途

乙醇的用途很广，它是一种重要的有机化工原料，用于制造合成纤维、塑料、香料和药物等。乙醇又是一种优良的溶剂，无水乙醇用于擦拭音像设备的磁头。另外，乙醇可用作燃料，其优点是避免对空气的污染。乙醇可渗入细菌体内，在一定浓度下能使蛋白质凝固变性而杀灭细菌。最适宜的杀菌浓度为 75%。因不能杀灭芽孢和病毒，故不能直接用于手术器械的消毒。25%～30% 的酒精还可用于高热病人降低体温。

五、乙醇的工业制法

1. 发酵法

发酵法的原料可以是含淀粉的农产品，如谷类、薯类、粮食或野生植物果实等，也可以是制糖厂的副产物糖蜜，或者用纤维素的木屑、植物茎秆等。这些物质经一定的预处理后，经水解、发酵，即可制得乙醇。

发酵液中乙醇的质量分数约为 6%～10%，并含有乙醛、高级醇、酯类等杂质，经精馏可得质量分数为 95% 的工业乙醇。

2. 乙烯直接水合法

在一定条件下，乙烯通过固体酸催化剂直接与水反应生成乙醇。

$$CH_2=CH_2 + H_2O \xrightarrow[加热、加压]{催化剂} CH_3CH_2OH$$

此法中的原料——乙烯可大量取自石油裂解气，成本低，产量大，这样能节约大量粮食，因此发展很快。

六、乙醇的危险性概述

1. 健康危害

酒精是中枢神经系统抑制剂。首先引起兴奋，随后抑制。

急性中毒多发生于口服。一般可分为兴奋、催眠、麻醉、窒息四阶段。患者进入第三或第四阶段，出现意识丧失、瞳孔扩大、呼吸不规律、休克、心力循环衰竭及呼吸停止。

在生产中长期接触高浓度本品可引起鼻、眼、黏膜刺激症状，以及头痛、头晕、疲乏、易激动、恶心等慢性中毒。长期酗酒可引起多发性神经病、慢性胃炎、脂肪肝、肝硬化、心肌损害及器质性精神病等。皮肤长期接触可引起干燥、脱屑、皲裂和皮炎。

2. 燃爆危险

乙醇易燃，其蒸气与空气可形成爆炸性混合物，爆炸极限为 3.5%～19.0%（体积分数），遇明火、高热能引起燃烧爆炸。与氧化剂接触发生化学反应或引起燃烧。在火场中，受热的容器有爆炸危险。其蒸气比空气重，能在较低处扩散到相当远的地方，遇火源会着火回燃。

七、醇类

1. 醇类的介绍

醇是分子中含有跟链烃基或苯环侧链上的碳结合的羟基化合物。

分子里只含有一个羟基的醇，叫做一元醇。由烷烃所衍生的一元醇，叫做饱和一元醇，它们的通式是 $C_nH_{2n+1}OH$，简写为 R—OH。如甲醇、乙醇等，它们都是重要的化工原料，同时，它们还可用作车用燃料，是一类新的可再生能源。

分子里含有两个或两个以上羟基的醇，分别叫做二元醇和多元醇，如乙二醇和丙三醇：

CH₂—OH
|
CH₂—OH
乙二醇

CH₂—OH
|
CH—OH
|
CH₂—OH
丙三醇

2. 重要的醇

（1）甲醇　甲醇最初由木材干馏（隔绝空气加强热）得到，所以又俗称木精。

 注意

甲醇是无色易燃的液体，沸点 64.7℃，爆炸极限为 5.5%～36.0%（体积分数）。甲醇的毒性很强，工业酒精中往往含有甲醇，甲醇可经呼吸道、胃肠道和皮肤吸收。人体摄入 5～10mL 即可引起中毒，10mL 以上可造成失明，30mL 即可致死。

甲醇在工业上主要用来制备甲醛、氯仿以及作涂料的溶剂等。在实际工作中，应尽量避免使用甲醇，尤其是有神经系统疾患及眼病者。必须使用时，所用仪器设备应充分密闭，皮肤污染后应及时冲洗，以免受到甲醇的毒害。

（2）乙二醇　乙二醇水溶液凝固点很低，体积分数为 60% 的乙二醇水溶液的凝固点可达−49℃，可用作内燃机的抗冻剂及除去飞机、汽车上的冰霜。在工业上乙二醇用来制造涤纶。

（3）丙三醇　丙三醇吸湿性强，能吸收空气的水分，所以常用作化妆品、皮革、烟草、食品等的吸湿剂。丙三醇还有护肤作用，俗称甘油。

复习与讨论

1. 工业酒精和饮用白酒通过外观能够区别开吗？为什么工业酒精不能饮用？
2. 实验室中用乙醇和浓 H_2SO_4 的混合液制取乙烯，为什么必须控制温度在 170℃ 左右？
3. 用什么实验可以证明乙醇的结构是 CH_3—CH_2—OH 而不是 CH_3—CH_2—O—CH_2—CH_3。
4. 调查酗酒造成的社会不安定因素，提出你的建议。

知识窗　　乙醇的生理作用

各种饮用酒中都含有酒精，酒精有加速人体的血液循环和使人兴奋的作用。

酒精在人体中，不需经消化作用即可直接被肠胃吸收，并很快扩散进入血液，分布至全身各器官，主要是在肝脏和大脑中。酒精在体内的代谢作用，绝大部分发生在肝脏中，在肝脏中的一种酶的作用下，酒精先转化成乙醛（对人体有毒），很快又在另一种酶的作用下，变成乙酸最终分解成二氧化碳和水。

酒精在人体内的代谢速率是有一定限度的，当一个人在短时间内饮大量的酒时，其中所含的酒精不能及时代谢，就开始在各器官特别是肝脏和大脑内蓄积。这种蓄积会损害人的许多器官，特别是肝脏。过度饮用烈性白酒，有害身心健康。一个健康成人每天饮酒中的酒精含量不应超过 50g，这是人体在 24h 中能够排出的量。青少年处在身体发育时期，饮酒更易造成对身体器官的损害，因此许多国家都明令严禁青少年饮酒。

任务二　认识苯酚

羟基与芳香烃侧链上的碳原子相连的化合物称为芳香醇；羟基与芳香环直接相连的化合物叫做酚。苯分子里只有 1 个氢原子被羟基取代的生成物是最简单的酚，叫做苯酚。

> **想一想**
>
> 市场上销售的"固本药皂""利华药皂"等药皂，为什么会呈现红色？为什么具有杀菌能力？

一、苯酚的结构

苯酚的分子式是 C_6H_6O，它的结构式为 $\begin{array}{c}OH\\ \vert\\ HC\overset{C}{=}CH\\ \parallel\quad\vert\\ HC\underset{C}{=}CH\\ \vert\\ H\end{array}$，结构简式为 $\begin{array}{c}OH\\ \vert\\ \bigcirc\end{array}$ 或 C_6H_5OH，苯

酚分子的比例模型如图 8-2 所示。

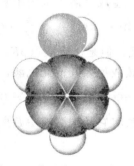

图 8-2　苯酚分子的比例模型

二、苯酚的物理性质

苯酚存在于煤焦油中，俗名石炭酸，纯净的苯酚是无色的晶体，露置在空气里会因小部分发生氧化而呈粉红色。苯酚具有特殊的气味，熔点 40.8℃。苯酚在水中的溶解度不大，当温度高于 65℃时，则能与水混溶。易溶于乙醇、乙醚等有机溶剂。

> **？注意**
>
> 苯酚具有腐蚀性和一定的毒性，它的浓溶液与皮肤接触能引起灼伤，假如不慎沾到皮肤上，应立即用酒精洗涤。

化工系统和炼焦工业的废水中常含有酚类，酚进入饮用水和灌溉水中，会影响农作物和水生物的生存和生长，严重时，引起人体和农作物中毒。所以，在排放前，必须经过处理。

国家规定，饮用水中挥发酚类不得超过 $0.002\text{mg}\cdot\text{L}^{-1}$，灌溉水中挥发酚不得超过 $1\text{mg}\cdot\text{L}^{-1}$，必须严格控制酚类污染水源。

三、苯酚的化学性质

酚和醇的官能团都是羟基，由于酚羟基与苯环的相互影响，使苯酚表现出一些不同于醇，也不同于芳香烃的性质。

动手操作

【实验 8-3】向一支盛有少量苯酚晶体的试管中加入 2mL 蒸馏水，振荡并观察现象。

【实验 8-4】向上述试管中再逐滴加入 5％的 NaOH 溶液，振荡，观察试管中溶液的变化。

【实验 8-5】向上述实验所得澄清溶液中通 CO_2 气体，观察溶液的变化。

实验记录：

实 验	实 验 现 象	结 论
8-3		
8-4		
8-5		

讨论：

以上实验现象说明了苯酚的什么性质？

---

1. 苯酚的酸性

苯酚能与氢氧化钠水溶液作用，生成易溶于水的苯酚钠。

$$\text{〈〉}-OH + NaOH \longrightarrow \text{〈〉}-ONa + H_2O$$

苯酚的酸性（$pK_a = 10$）比醇强，但是比碳酸（$pK_a = 6.38$）弱，苯酚也不能使石蕊变色，若在苯酚钠溶液中通入二氧化碳或加入其他无机酸，则可游离出苯酚。

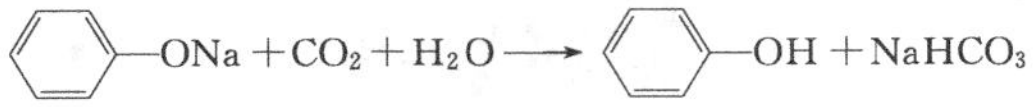

$$\text{〈〉}-ONa + CO_2 + H_2O \longrightarrow \text{〈〉}-OH + NaHCO_3$$

根据酚能溶解于碱，而又可用酸将它从碱溶液中游离出来的性质，工业上常被用来回收和处理含酚的污水。

2. 苯环上的取代反应

动手操作

【实验 8-6】向盛有少量苯酚稀溶液的试管里加入过量浓溴水，如图 8-3 所示，观察现象。

【实验 8-7】取 1 支试管，加入苯酚溶液，滴入几滴 $FeCl_3$ 溶液，振荡，如图 8-4 所示，观察溶液的颜色。

实验记录：

实 验	实 验 现 象	结 论
8-6		
8-7		

分析上述实验现象的特点，能否用于含酚废水的检验和处理，书写一份含酚废水的检验和处理报告。

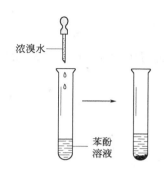

图 8-3 苯酚与溴的反应

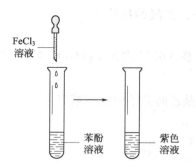

图 8-4 苯酚的显色反应

由于羟基的影响，苯酚比苯更容易与卤素、硝酸、硫酸等发生苯环上的取代反应。如苯酚与溴水在常温下即可发生取代反应，生成 2,4,6-三溴苯酚的白色沉淀。

2,4,6-三溴苯酚(白色)

2,4,6-三溴苯酚的溶解度很小，十万分之一的苯酚溶液与溴水作用也能生成 2,4,6-三溴苯酚沉淀，因而这个反应可用作酚的定性检验和定量测定。

3. 苯酚的显色反应

苯酚遇 $FeCl_3$ 溶液发生反应，而显紫色。这一反应也可用来检验苯酚的存在。

四、苯酚的用途

苯酚是一种重要的有机合成原料，多用于制造酚醛塑料（俗称电木）、合成纤维（如绵纶）、炸药（如 2,4,6-三硝基苯酚）、染料、医药（如阿司匹林）等。

苯酚有很强的杀菌能力，因此苯酚的稀溶液可直接用作防腐剂和消毒剂，如日常所用的药皂中掺有少量苯酚。纯净的苯酚在医药上可配成洗涤剂和软膏，有杀菌和止痛效用。

复习与讨论

1. 苯酚和醇都含有相同的官能团羟基，而苯酚和苯又都有苯环，苯酚、乙醇、苯性质有何异同？

2. 苯酚和苯的混合物应如何分离和提纯？

3. 怎样除去苯中混有的少量苯酚？

任务三 认识乙醛

我们知道，乙醇氧化后生成乙醛（CH_3CHO）。乙醛分子中的—CHO 原子团叫醛基，是醛的官能团。

想一想

玻璃镜子和保温瓶胆上的银是怎样镀上去的？

一、乙醛的结构

乙醛的分子式为 C_2H_4O，结构式为 ，简写为 $CH_3\!-\!\overset{\displaystyle O}{\overset{\|}{C}}\!-\!H$ 或 CH_3CHO，

图 8-5 是乙醛分子的比例模型。

图 8-5 乙醛分子的比例模型

二、乙醛的物理性质

乙醛是无色、有刺激性气味的液体，比水轻，沸点 20.8℃，易挥发，易燃烧，有毒，能与水及有机溶剂等互溶。

三、乙醛的化学性质

乙醛分子中含有—CHO，它对乙醛的化学性质起着决定性的作用。

1. 加成反应

醛基 $\left(\overset{\displaystyle O}{\underset{-C-H}{\overset{\|}{}}}\right)$ 中含有碳氧双键，是一个不饱和基团，容易发生加成反应。例如乙醛蒸气与氢气的混合物，在催化剂镍的作用下，发生加成反应，乙醛被还原成乙醇。

$$CH_3\!-\!\overset{\displaystyle O}{\overset{\|}{C}}\!-\!H + H_2 \xrightarrow[\triangle]{Ni} CH_3CH_2OH$$

2. 氧化反应

在有机化学的反应里，常把加氧、去氢的反应叫做氧化反应，反之，把加氢、去氧的反应叫做还原反应。乙醛具有还原性，能被很弱的氧化剂氧化。

动手操作

【实验 8-8】取一支洁净的试管，加入 1mL 2% 的 $AgNO_3$ 溶液，一边振荡试管，一边逐滴滴入 2% 的稀氨水，至沉淀恰好消失，这时得到的溶液叫做银氨溶液。然后再滴入几滴乙醛，振荡，把试管置于热水中温热，如图 8-6 所示，观察现象。

【实验 8-9】取一支试管，加入 2mL 10% NaOH 溶液，滴入 4~8 滴 2% $CuSO_4$ 溶液，振荡后加入 0.5mL 乙醛溶液，加热至沸，如图 8-7 所示，观察现象。

实验记录：

实 验	氧 化 剂	实验条件	现 象
8-8			
8-9			

结论：

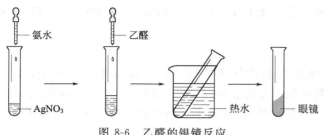

图 8-6　乙醛的银镜反应

图 8-7　乙醛与
$Cu(OH)_2$ 反应

（1）银镜反应　在实验 8-8 中看到，试管内壁上附着一层光亮如镜的金属银。在这个反应里硝酸银与氨水生成的银氨溶液中含有 $[Ag(NH_3)_2]OH$（氢氧化二氨合银），这是一种弱氧化剂，它能把乙醛氧化成乙酸，乙酸又与氨反应生成铵盐，而 Ag^+ 被还原成金属银，附着在试管的内壁上，形成银镜，所以这个反应叫做银镜反应。

$$CH_3CHO+2[Ag(NH_3)_2]OH \xrightarrow{\triangle} CH_3COONH_4+2Ag\downarrow+3NH_3+H_2O$$

银镜反应常用来检验醛基的存在。工业上利用这一反应原理，常用含有醛基的葡萄糖作还原剂，把银均匀地镀在玻璃上制镜或保温瓶胆。

（2）和新制的 $Cu(OH)_2$ 悬浊液反应——费林反应　在实验 8-9 中看到，溶液中有砖红色的 Cu_2O 沉淀产生，乙醛被氧化成乙酸，这个反应叫费林反应。

$$CH_3CHO+2Cu(OH)_2 \xrightarrow{\triangle} CH_3COOH+Cu_2O\downarrow+2H_2O$$

银镜反应和费林反应是醛基的特有反应，常用来检验醛基。

 思考

乙醛能否使酸性 $KMnO_4$ 溶液褪色？

四、乙醛的用途

由于醛基很活泼，可以发生很多反应，因此，乙醛在有机合成中占有重要的地位。乙醛主要用来生产乙酸、丁醇、乙酸乙酯等一系列重要化工产品。

五、乙醛的工业制法

1. 乙炔水合法

将乙炔通入含硫酸汞的稀硫酸溶液中，可得到乙醛。

$$CH\equiv CH + H_2O \xrightarrow[95\sim105℃]{HgSO_4,H_2SO_4} CH_3CHO$$

2. 乙醇氧化法

将乙醇蒸气和空气混合，在 500℃下，通过银催化剂，乙醇被空气氧化得到乙醛。

$$2CH_3CH_2OH+O_2 \xrightarrow[500℃]{Ag} 2CH_3CHO+2H_2O$$

3. 乙烯直接氧化法

随着石油化学工业的发展，乙烯已成为合成乙醛的主要原料，将乙烯和空气（或氧气）通过氯化钯和氯化铜的水溶液，乙烯被氧化生成乙醛。

$$2CH_2\!=\!CH_2+O_2 \xrightarrow[100℃]{PdCl_2\text{-}CuCl_2} 2CH_3CHO$$

六、重要的醛

1. 醛类的介绍

分子里由烃基跟醛基相连而构成的化合物叫做醛。

醛类的通式是 RCHO，饱和一元醛的通式是 $C_nH_{2n}O$。醛类的通性是能被还原成醇，被氧化成羧酸。

2. 重要的甲醛

甲醛又名蚁醛，是一种无色具有强烈刺激性气味的气体，易溶于水、醇和醚，沸点 $-19.5℃$，蒸气与空气能形成爆炸性混合物，爆炸极限 $7.0\%\sim73.0\%$（体积分数）。质量分数为 $35\%\sim40\%$ 的甲醛水溶液称为"福尔马林"，常用作杀菌剂和生物标本的防腐剂。

 注意

甲醛有毒，胶合板、棉纤维布料中常含有甲醛，甲醛可导致人体嗅觉功能异常、肝脏功能异常和免疫功能异常等。甲醛已经被世界卫生组织确定为可疑致癌和致畸物质。在使用甲醛或与甲醛有关的物质时要注意安全及环境保护。

甲醛是一种重要的有机原料，应用于塑料工业（如制酚醛树脂）、合成纤维工业、制革工业。

 复习与讨论

乙醛的银镜反应及和新制氢氧化铜反应的产物为什么前者为乙酸铵，后者为乙酸？

任务四　认识乙酸

乙酸又名醋酸，它是食醋的主要成分，普通食醋中含乙酸质量分数为 $3\%\sim5\%$，是日常生活中经常接触的一种有机酸。

> **想一想**
>
> 你对醋酸的认识有哪些？

一、乙酸的结构

乙酸的分子式为 $C_2H_4O_2$，结构式为 $H-\overset{\overset{\displaystyle H}{|}}{\underset{\underset{\displaystyle H}{|}}{C}}-\overset{\overset{\displaystyle O}{\|}}{C}-O-H$，简写为 CH_3COOH。

乙酸分子结构中的 $-\overset{\overset{\displaystyle O}{\|}}{C}-OH$（或 $-COOH$）称羧基，是羧酸的官能团。乙酸分子的比例模型如图 8-8 所示。

图 8-8　乙酸分子的比例模型

二、乙酸的物理性质

无水乙酸在常温下是具有强烈刺激性气味的无色液体，沸点 $117.9℃$，熔点 $16.6℃$。当低于熔点时，无水乙酸就呈冰状结晶析出，所以无水乙酸又称冰醋酸。乙酸易溶于水、乙醇等许多有机溶剂。

三、乙酸的化学性质

动手操作

【实验 8-10】向 1 支盛有少量乙酸的试管里，滴加几滴紫色石蕊试液，观察现象。

【实验 8-11】向 1 支盛有少量 Na_2CO_3 粉末的试管里，加入 3mL 乙酸溶液，如图 8-9 所示，观察现象。

实验记录：

实　　验	实　验　现　象
8-10	
8-11	

结论：

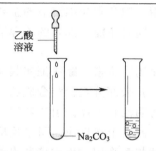

图 8-9　乙酸与 Na_2CO_3 的反应

1. 酸性

乙酸能使紫色的石蕊溶液变红，具有明显的酸性，乙酸是一种弱酸，在水溶液中能电离出氢离子。

$$CH_3COOH \rightleftharpoons CH_3COO^- + H^+$$

在实验 8-11 中可以看到试管里有气泡产生，这是二氧化碳气体。这说明乙酸的酸性强于碳酸。乙酸具有酸的通性，能与活泼金属、碱、碱性氧化物、盐等发生化学反应。

2. 酯化反应

动手操作

【实验 8-12】乙酸和乙醇的反应。

在 1 支试管里加入 3mL 乙醇，然后边摇动试管边慢慢滴加 2mL 的浓硫酸和 2mL 冰醋酸。按图 8-10 所示连接装置，用酒精灯小心均匀地加热试管 3～5min，产生的蒸气经导管通到饱和碳酸钠溶液的液面上。

观察发生现象，注意得到的生成物有什么气味。

讨论：

1. 浓 H_2SO_4 的作用？

2. 饱和碳酸钠溶液的作用？

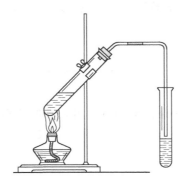

图 8-10 生成乙酸乙酯的反应

在有浓硫酸存在并加热的条件下，乙酸能与乙醇发生反应生成乙酸乙酯和水。

$$CH_3-\overset{\overset{\displaystyle O}{\|}}{C}\boxed{-OH+H}-^{18}O-C_2H_5 \underset{\triangle}{\overset{浓硫酸}{\rightleftharpoons}} CH_3-\overset{\overset{\displaystyle O}{\|}}{C}-^{18}OC_2H_5 + H_2O$$

浓硫酸起催化剂和吸水剂作用。饱和碳酸钠溶液的主要作用有两个：一是使混入乙酸乙酯中的乙酸与碳酸钠反应而除去，同时还能使混入的乙醇溶解；二是使乙酸乙酯的溶解度减小，而易分层析出。

在乙酸的酯化反应中，可以使用同位素示踪法证实其反应过程是乙酸分子羧基中的羟基与醇分子羟基的氢原子结合成水，其余部分互相结合成乙酸乙酯。

乙酸乙酯是具有香味的无色透明油状液体。由于乙酸乙酯在同样的条件下，又能部分地发生水解反应，生成乙酸和乙醇，所以上述反应是可逆反应。

乙酸乙酯属于酯类化合物。酸与醇作用，生成酯和水的反应叫做酯化反应。

 思考

用粮食酿造的酒为什么会随着储藏时间的延长而变得更醇香？

四、乙酸的用途

乙酸是重要的有机化工原料，可以合成许多有机物，如醋酸纤维、维尼纶、喷漆溶剂、香料、染料、药物以及农药等。食醋是重要的调味品，它可以帮助消化，同时又常用作"流感消毒剂"。醋在日常生活中有许多妙用。

五、乙酸的制法

1. 甲醇和一氧化碳直接化合

甲醇在铑的催化作用下，可在常压下和一氧化碳直接化合生成乙酸。

$$CH_3OH+CO \underset{\triangle}{\overset{Rh\ 催化剂}{\longrightarrow}} CH_3COOH$$

2. 乙醛氧化法

采用乙醛氧化法生产乙酸。

$$2CH_3CHO+O_2 \xrightarrow[70\sim80℃,0.2\sim0.3MPa]{(CH_3COO)_2Mn} 2CH_3COOH$$

3. 丁烷氧化法

利用石油产品丁烷为原料，乙酸钴为催化剂，乙酸为溶剂，在一定温度和压力下用空气氧化制备乙酸。

$$2CH_3CH_2CH_2CH_3+5O_2 \xrightarrow[165℃,2MPa]{(CH_3COO)_2Co} 4CH_3COOH+2H_2O$$

六、羧酸

1. 羧酸简介

在有机化合物里，有一大类化合物，它们跟乙酸相似，分子里都含有羧基。分子里烃基直接与羧基相连的化合物叫做羧酸。

根据羧基所连接的烃基不同，羧酸可以分为脂肪酸（如乙酸）和芳香酸（如苯甲酸 C_6H_5COOH），根据羧酸分子中羧基的数目可分为一元羧酸（如甲酸、乙酸等）和二元羧酸[如乙二酸（HOOC—COOH]等。烃基中含碳原子数目多的脂肪酸称为高级脂肪酸，重要的高级脂肪酸有硬脂酸（$C_{17}H_{35}COOH$）、软脂酸（$C_{15}H_{31}COOH$）和油酸（$C_{17}H_{33}COOH$）等。其中油酸的烃基里含有一个双键，常温下呈液态，具有烯烃的某些性质；硬脂酸和软脂酸的烃基里没有不饱和键，常温下呈固态。

由于羧酸分子中都含有相同的官能团——羧基，它们的化学性质相似，如都有酸性，都能发生脂化反应等。

羧酸在自然界广泛存在，是重要的工业原料。

2. 重要的羧酸

（1）甲酸　甲酸存在于蚁类等昆虫体中，所以俗称蚁酸，是一种无色有刺激性气味的液体，沸点 100.5℃，能与水、乙醇、乙醚混溶。

在饱和一元羧酸中，甲酸的构造较特殊，是羧基和一个氢原子直接相连，在分子中既含有羧基又具有醛基（见图 8-11）。

因此，甲酸具有与它的同系物不同的一些特性，既有羧酸的一般性质，也有醛的某些性质。

甲酸在工业上用作还原剂、橡胶的凝聚剂、缩合剂等，也可用作消毒剂和防腐剂。

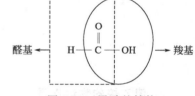

图 8-11　甲酸的结构

（2）乙二酸　乙二酸通常以盐的形式存在于某些植物及菌藻类中，故俗名为草酸。纯品为无色晶体，常含有两分子结晶水，加热至 101℃时失去结晶水变成无水草酸，其熔点为 189℃，易溶于水和乙醇，而不溶于乙醚。

大量的草酸用来提取稀有元素。草酸还可用作草制品的漂白剂，也可用来除去铁锈或墨渍。它的铝盐和锑盐可用作媒染剂。

（3）苯甲酸　苯甲酸存在于安息香胶及其他一些树脂中，故俗称安息香酸。纯品为白色光泽的鳞片状晶体，略有特殊气味，微溶于冷水，能溶于热水和乙醇、乙醚、氯仿等有机溶剂中。

苯甲酸及其钠盐广泛用作食品防腐剂。苯甲酸在人体内不积蓄，因而无害。苯甲酸与其他营养成分配合可配成鲜花保鲜液。苯甲酸还是制备染料、香料和药物的原料。

复习与讨论

1. 为什么厨师烧鱼时常加醋并加点酒，这样鱼味道就变得无腥、香醇，特别鲜美？

2. 结合生活实际查阅相关资料，了解乙酸在日常生活中还有哪些妙用？

任务五　认识烃的其他衍生物

除醇、酚、醛、羧酸外，还有一些比较重要的烃的衍生物，如卤代烃、酮、酯等。

一、溴乙烷

烃分子中的一个或几个氢原子被卤素原子（—X）取代生成的化合物叫做卤代烃。如溴乙烷（C_2H_5Br）、二溴乙烷（$C_2H_4Br_2$）、氯乙烯（$CH_2=CHCl$）、溴苯（C_6H_5Br）等，都是卤代烃。

> **想一想**
>
> 　卤代烃有什么用途？对人类的影响如何？它们有哪些重要性质？

1. 溴乙烷的结构

溴乙烷的分子式是 C_2H_5Br，结构式是 $\begin{array}{c} \text{H} \quad \text{H} \\ | \quad | \\ \text{H}-\text{C}-\text{C}-\text{Br} \\ | \quad | \\ \text{H} \quad \text{H} \end{array}$，简写为 CH_3CH_2Br 或 C_2H_5Br。

图 8-12 为溴乙烷分子的比例模型。

图 8-12　溴乙烷分子的比例模型

2. 溴乙烷的物理性质

纯净的溴乙烷是无色液体，沸点 38.4℃，密度比水大，不溶于水，易溶于乙醇等有机溶剂。

3. 溴乙烷的重要化学性质

动手操作

【实验 8-13】溴乙烷的水解反应。

取一支试管，滴入 10～15 滴溴乙烷，再加入 1mL 5％的 NaOH 溶液，充分振荡，静置，待液体分层后，用滴管小心吸取 10 滴上层水溶液，移入另一盛有 10mL 稀 HNO_3 溶液的试管中，然后加入 2～3 滴 2％的 $AgNO_3$ 溶液，如图 8-13 所示，观察反应现象。

讨论：

溴原子的存在使溴乙烷具有什么不同于乙烷的化学性质？

（1）水解反应　在上述反应中有浅黄色沉淀生成，这种沉淀是 AgBr。溴乙烷在 NaOH 存在的条件下可以跟水发生水解反应，生成乙醇和溴化氢。

$$C_2H_5\boxed{-Br + H}-OH \xrightarrow{\text{NaOH}} C_2H_5-OH + NaBr + H_2O$$

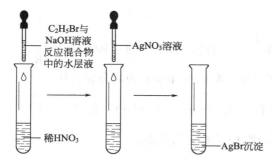

图 8-13　溴乙烷的水解反应

（2）消去反应　溴乙烷与强碱（NaOH 或 KOH）的醇溶液共热，脱去 HBr，生成乙烯。

$$\underset{\boxed{\text{H}\qquad\text{Br}}}{\text{CH}_2-\text{CH}_2}+\text{NaOH}\xrightarrow[\triangle]{\text{醇}}\text{CH}_2=\text{CH}_2\uparrow+\text{NaBr}+\text{H}_2\text{O}$$

溴乙烷的上述两个反应说明，受官能团溴原子（—Br）的影响，溴乙烷的化学性质比乙烷活泼，既易发生水解反应，又可以发生消去反应。

4. 重要的卤代烃

（1）三氯甲烷　三氯甲烷（$CHCl_3$）俗称氯仿，为无色具有甜味的液体，具有麻醉作用。常用来提取中草药有效成分和精制抗菌素，还广泛用作有机合成的原料。

三氯甲烷在光照下被空气氧化成剧毒的光气。因此应密封保存在棕色瓶中，以防止和空气接触。

（2）四氯化碳　四氯化碳（CCl_4）为无色液体，不能燃烧，受热易挥发，其蒸气比空气重，不导电，常用作灭火器。由于卤代烷灭火剂对大气臭氧层的破坏作用，其应用受到了限制。我国已经决定除必要场所外禁止生产和使用卤代烷灭火器。

四氯化碳主要用于合成原料和溶剂。

（3）二氟二氯甲烷　二氟二氯甲烷（CCl_2F_2）是无色、无臭的气体，沸点 $-29.8\,℃$，易压缩成液体，解除压力后立即气化，同时吸收大量的热，因此可用作冷冻剂。它无毒、无腐蚀性、不燃烧、化学稳定性强。

二氟二氯甲烷的商品名为氟里昂，商业代号 F-12。氟里昂原为杜邦公司生产的专用商品名称，但现在已经成为通用名称，它实际上是一些氟氯烷的总称。

由于氟里昂性质稳定，它在大气中可长期不发生化学反应，但在大气高空积聚后，可通过一系列光化学降解反应，产生氯自由基，导致臭氧层被破坏。臭氧层具有保护地球免受太阳强烈紫外线辐射的作用。臭氧层如被破坏，意味着有更多的紫外线照射到地面，而使地球气候以及整个环境发生巨大变化。现在我国以及许多工业发达国家正在禁止使用氟里昂。目前市场上销售的"绿色冰箱"所使用的致冷剂正是氟里昂的替代品，这对保护人类的生存环境具有长远意义。

二、丙酮

想一想

乙醛的结构与化学性质的关系。丙酮和乙醛在结构上有何异同？

1. 丙酮的结构

酮是分子中含有羰基 $\left(\begin{array}{c} O \\ \| \\ -C- \end{array}\right)$ 的烃的衍生物，其通式为 $\left(\begin{array}{c} O \\ \| \\ R-C-R' \end{array}\right)$ ，其中 R 和 R′ 可以相同，也可以不同。相同碳原子数的醛和酮互为同分异构体。

丙酮是最简单的酮。分子式是 C_3H_6O，结构式是 $\left(\begin{array}{c} O \\ \| \\ CH_3-C-CH_3 \end{array}\right)$ ，简写为 CH_3COCH_3。图 8-14 为丙酮分子的比例模型。

图 8-14　丙酮分子的比例模型

2. 丙酮的物理性质

丙酮是无色具有香味的液体，沸点 56.2℃，易挥发、易溶于水和有机溶剂，易燃烧，蒸气与空气能形成爆炸性的混合物，爆炸极限 2.5％～13.0％（体积分数）。

3. 丙酮的用途

丙酮是一种优良的溶剂，广泛用于涂料、电影胶片、化学纤维等生产中，它又是重要的有机合成原料，用来制备有机玻璃、环氧树脂等。生活中可将其用作某些家庭生活用品（如液体蚊香）的分散剂，化妆品中的指甲油含丙酮达 35％。

4. 丙酮的化学性质

酮类化合物比醛类化合物稳定，丙酮不能发生银镜反应。由于存在羰基 $\left(\begin{array}{c} O \\ \| \\ -C- \end{array}\right)$，丙酮可以在催化剂作用下与氢气发生加成反应。

$$CH_3-\overset{\overset{\textstyle O}{\|}}{C}-CH_3 + H_2 \xrightarrow[\triangle]{Ni} CH_3-\overset{\overset{\textstyle OH}{|}}{CH}-CH_3$$

2-丙醇

三、乙酸乙酯

> **想一想**
>
> 很多水果和花草具有芳香气味，这些芳香气味是由什么物质产生的？

1. 乙酸乙酯的结构

醇和酸反应脱水生成的化合物叫做酯。酯的一般通式为 $R-\overset{\overset{\textstyle O}{\|}}{C}-OR'$ ，其中 R 和 R′ 可以相同，也可以不同。乙酸乙酯分子式是 $C_4H_8O_2$，结构简式是 $CH_3-\overset{\overset{\textstyle O}{\|}}{C}-O-CH_2-CH_3$ ，简写为 $CH_3COOC_2H_5$。

2. **乙酸乙酯的物理性质**

乙酸乙酯是无色透明、具有水果香味的液体。其他简单的酯类如乙酸丁酯具梨香，乙酸异戊酯具有香蕉香，丁酸甲酯具有菠萝香，丁酸戊酯具有杏香，异戊酸异戊酯具有苹果香等。许多芳香的花和果实中就含有酯。

3. **乙酸乙酯的化学性质**

动手操作

【实验8-14】乙酸乙酯的水解。

试管编号	步骤(1)	步骤(2)	实验现象	讨论
A	向试管内加6滴乙酸乙酯，再加5.5mL蒸馏水，振荡均匀	将3支试管同时放在70～80℃的水浴中加热几分钟，闻各试管里乙酸乙酯的气味		
B	向试管内加6滴乙酸乙酯，再加稀硫酸(1∶5)0.5mL，蒸馏水5mL，振荡均匀			
C	向试管内加6滴乙酸乙酯，再加质量分数为30％的NaOH溶液0.5mL，蒸馏水5mL，振荡均匀			

总结：

在试管A中乙酸乙酯的气味很浓，乙酸乙酯未水解；在试管B中略有乙酸乙酯的气味，大多数乙酸乙酯已水解；在试管C中无乙酸乙酯的气味，乙酸乙酯全部水解。

在有酸或碱存在的条件下，乙酸乙酯与水发生水解反应生成乙酸和乙醇。

$$CH_3COOCH_2CH_3 + H_2O \underset{\text{加热}}{\overset{\text{酸或碱}}{\rightleftharpoons}} CH_3COOH + CH_3CH_2OH$$

酯的水解反应是酯化学反应的逆反应。在碱存在的条件下，碱中和了水解生成的酸，使酯的水解反应趋于完全。

4. **乙酸乙酯的用途**

乙酸乙酯可用作香料。白酒越陈越香就是因为酒中的乙醇在细菌和空气的作用下生成了少量乙酸，乙醇和乙酸作用生成乙酸乙酯的缘故。

📖 **复习与讨论**

1. 如何检验卤代烃中的卤素原子。

2. 在溴乙烷与NaOH乙醇溶液的消去反应中可观察到有气体生成，请设计简单实验，检验你收集到的气体。

3. 乙醛和丙酮在化学性质上有什么异同点？如何用化学方法鉴别乙醛和丙酮？

4. 酯化反应和酯的水解反应条件有何不同？

📖 **知识窗**　　　　　**二　噁　英**

二噁英是由两组共210种氯代三环芳烃类化合物组成，包括75种多氯二苯并-对-二噁英（简称PCDDs）和135种多氯二苯并呋喃（简称PCDFs）。其毒性比氰化钠要高50～100倍，比砒霜高900倍。二噁英可通过呼吸道、皮肤和消化道进入体内，具有强烈的致癌、致畸形作用，同时还具有生殖毒性、免疫毒性和内分泌毒性，能够导致严重的皮肤损伤性疾病。

二噁英主要来源于芳香氯化物生产过程中的副产物和有机氯化物或城市垃圾废塑料低温焚烧的烟气和灰渣之中。二噁英有很强的亲脂性。当它进入人体，可溶于脂肪而在体内蓄积，在环境中可通过食物链富积，鱼、肉、禽、蛋、乳及其制品最容易受到污染。如果长期食用这些受污染的食品，就会对健康造成危害。

为了减少二噁英对人类健康的危害，最根本的措施是控制环境中二噁英的排放，从而减少其在食物链中的富积。由于 90％的人是通过饮食而意外接触二噁英，因此，保护食品供应是非常关键的一个环节。

单 元 小 结

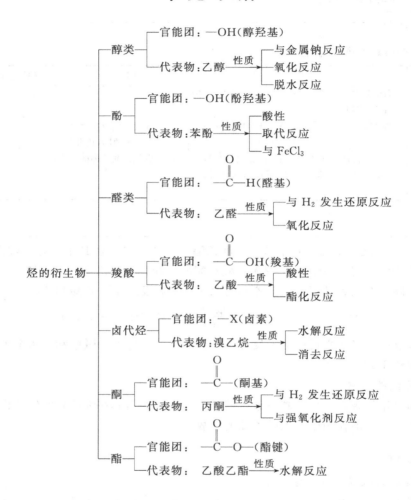

学 习 反 馈

一、选择题

1. 下列化合物中，既能发生消去反应，又能发生水解反应的是 （　　　）。

　　A. 氯仿　　　　　　B. 氯甲烷　　　　　　C. 乙醇　　　　　　D. 氯乙烷

2. 甲醇、乙二醇、丙三醇 3 种物质之间的关系是（　　　）。

　　A. 同系物　　　　　B. 同分异构体　　　　C. 同是醇类　　　　D. 性质相同

3. 某酒精厂由于管理不善，酒精滴到某化学品上而酿成火灾，该化学品可能是 （　　　）。

　　A. $KMnO_4$　　　　B. $NaCl$　　　　　　C. $(NH_4)_2SO_4$　　　D. CH_3COOH

4. 下列关于苯酚性质的叙述中，不正确的是 （　　　）。

　　A. 苯酚在水中的溶解度随温度的升高而增大

　　B. 苯酚易溶于乙醇等有机溶剂

　　C. 苯酚水溶液呈弱酸性，能与碱反应

　　D. 苯酚没有毒，其稀溶液可用作防腐剂和消毒剂

5. 做过银镜反应实验的试管内壁上附着一层银，洗涤时，可选用的试剂是（　　　　）。

　　A. 浓氨水　　　　B. 盐酸　　　　　　C. 稀硝酸　　　　　D. 烧碱

6. 居室污染的主要来源之一是人们使用的装饰材料，胶合板、内墙涂料释放出的一种刺激性气味的气体，该气体是（　　　　）。

　　A. 甲烷　　　　　B. 氨气　　　　　　C. 甲醛　　　　　　D. 二氧化硫

7. 下列各组物质不属于同分异构体的是（　　　　）。

　　A. 丙醛和丙酮　　　　　　　B. 乙醚和丁醇

　　C. 丁酸和乙酸乙酯　　　　　D. 戊烯和戊二烯

8. 20 世纪 90 年代初，国际上提出了"预防污染"这一新概念。绿色化学是"预防污染"的根本手段，它的目标是研究和寻找能充分利用的无毒害原材料，最大限度地节约能源，在化工生产各环节都实现净化和无污染的反应途径。下列各项属于"绿色化学"的是（　　　　）。

　　A. 处理废气物　　　　　　　B. 治理污染点

　　C. 减少有毒物　　　　　　　D. 杜绝污染物

二、判断题

1. 甲醇和乙醇的气味、相对密度等性质几乎相同，它们都可作饮料酒的成分。　　　　（　　　）

2. 由乙醇跟钠起反应的现象可得出，乙醇分子里羟基中的氢原子比水分子中的氢原子活泼。（　　　）

3. 乙醇是重要的有机合成原料，乙二醇在工业上用作内燃机的抗冻剂，乙醇和乙二醇是同系物。

　　　　　　　　　　　　　　　　　　　　　　　　　　　　　　　　　　　　　（　　　）

4. 氯仿、四氯化碳、酒精、乙醚是常用的有机溶剂。　　　　　　　　　　　　　　（　　　）

5. 用溴水或氯化铁溶液可以鉴别苯酚和苯。　　　　　　　　　　　　　　　　　　（　　　）

6. 分子里含有醛基的化合物都能发生银镜反应，因此能发生银镜反应的物质都属于醛类。（　　　）

7. 醛和酮分子中都含有羰基，因此它们具有许多相似的化学性质，如都能发生加成反应、容易被氧化等。

8. 食醋的主要成分是乙酸，当温度低于 0℃ 时，食醋就凝结成像冰一样的晶体，因此食醋也叫冰醋酸。

　　　　　　　　　　　　　　　　　　　　　　　　　　　　　　　　　　　　　（　　　）

9. 分子式为 $C_4H_8O_2$ 的饱和一元酯，水解后可得醇 X 和羧酸 Y，X 可氧化成 Y，则该酯是乙酸乙酯。

　　　　　　　　　　　　　　　　　　　　　　　　　　　　　　　　　　　　　（　　　）

三、填空题

1. 在甲醇、乙醇、丙三醇这几种物质中，属于新的可再生能源的是＿＿＿＿＿＿＿；是饮用酒主要成分的是＿＿＿＿＿＿＿；俗称甘油的是＿＿＿＿＿＿＿；有毒的是＿＿＿＿＿＿＿。

2. 石油资源紧张曾是制约中国发展轿车业，尤其是制约轿车进入家庭的重要因素，而含铅汽油的使用是大气铅污染的主要因素，现在我国正在推广"乙醇汽油"（无铅汽油），可杜绝因汽车尾气而引起的铅污染。写出乙醇完全燃烧的化学方程式＿＿＿＿＿＿＿＿＿＿＿＿＿＿＿＿＿＿＿＿＿。

3. 向盛有水的试管中加入足量的苯酚晶体，振荡后，看到的现象是＿＿＿＿＿＿＿；此时再向试管中加入足量的 NaOH 溶液振荡，观察到的现象是＿＿＿＿＿＿＿＿；发生反应的化学方程式为＿＿＿＿＿＿＿＿＿。

4. 禁止用工业酒精配制饮料，这是因为工业酒精中含有少量会使人中毒的＿＿＿＿＿＿＿。

5. 在硫酸铜溶液中加入适量氢氧化钠溶液后，再滴入适量福尔马林，加热。可观察到的现象依次是＿＿＿＿＿＿＿＿＿＿＿＿＿＿；反应的化学方程式是＿＿＿＿＿＿＿＿＿＿＿＿＿；此反应可用于检验＿＿＿＿＿＿＿基的存在。

6. 许多鲜花和果实中散发的香味是由于有＿＿＿＿＿＿＿＿＿＿＿的存在。

7. 在酯化反应中浓 H_2SO_4 主要起＿＿＿＿＿＿＿＿＿＿作用，也能除去生成物中的＿＿＿＿＿＿＿＿＿＿。

四、实验题

结构简式如下　　　　　　　　　　$CH_3-\overset{\displaystyle CH_3}{\underset{}{C}}=CH-CH_2-CH_2-\overset{\displaystyle O}{\underset{}{C}}-H$

1. 检验分子中醛基的方法是＿＿＿＿＿＿＿＿；检验 C＝C 的方法是＿＿＿＿＿＿＿＿。

2. 实际操作中，应先检验哪一个官能团？

五、问答题

1. 什么叫烃的衍生物？什么叫官能团？举例说明。

2. 如何清洗内壁附着有苯酚的试管？

3. 举例说明酒精的用途？

4. 暖水瓶里容易积水垢，人们常倒入食醋进行洗涤，其道理是什么？写出有关化学方程式。

5. 你已学过哪几种物质能发生银镜反应？为什么？

6. 人体被蚊虫、蚂蚁叮咬后皮肤发痒或起肿块，为止痒消肿可采用的简便方法是涂一点稀氨水，这是为什么？

六、怎样完成下列物质间的转化？各举一例，写出有关化学方程式。

$$乙醚 \underset{}{\overset{①}{\longleftarrow}} 乙醇 \underset{③}{\overset{②}{\rightleftharpoons}} 乙醛 \overset{④}{\longrightarrow} 乙酸 \underset{⑥}{\overset{⑤}{\rightleftharpoons}} 乙酸乙酯$$

七、推测题

某中性化合物 A，含有碳、氢、氧 3 种元素。它能与金属钠反应放出氢气。A 与浓硫酸 170℃共热生成气体 B；B 可使溴水褪色。A 与浓硫酸 140℃共热生成液态化合物 C，C 具有麻醉作用。根据上述性质，写出 A、B、C 的结构式及有关化学方程式。

单元九　生命活动的物质基础

任务目标

1. 了解糖类、油脂、蛋白质的有关组成和性质特点，查阅资料了解糖类、油脂、蛋白质与人体健康的关系。

2. 体会有机化学在生命科学发展中所起的重要作用。

在自然界里，糖类、油脂、蛋白质都是动植物等进行生命活动的重要有机化合物，是生物体维持生命活动所需能量的主要来源。糖类、油脂和蛋白质通常被人们称作三大基础营养物质。

任务一　认识糖类

糖是自然界里存在最多的一类有机化合物。常见的糖类化合物有葡萄糖、果糖、蔗糖、淀粉、纤维素等，它们都是绿色植物光合作用的主要产物，约占植物固体物质的80%。

植物通过光合作用把太阳能储存于所生成的糖类化合物中，而糖类化合物经过一系列变化，又能释放出能量，因此糖类化合物是大多数生物体维持生命活动所需能量的主要来源。

想一想

糖究竟是一类什么物质，是不是糖类都是甜的，糖精是不是糖之精华。

一、糖的组成和分类

1. 糖的组成

实验表明，葡萄糖、蔗糖、淀粉、纤维素等糖类物质都是由 C、H、O 三种元素组成的，其中大多数氢和氧原子之比相同，都是 2∶1，其组成大多可以用通式 $C_n(H_2O)_m$ 表示，因此过去曾把它们称为碳水化合物。但是随着科学的发展，有机化合物数量的不断增多，人们发现碳水化合物这个名称并不能反映它们的结构特点。首先在碳水化合物分子中，氢和氧并不是以结合成水的形式存在着。还有，在已发现的许多碳水化合物分子中，氢原子和氧原子数之比并不等于 2∶1，如鼠李糖 $C_6H_{12}O_5$ 和脱氧核糖 $C_5H_{10}O_4$；而有些分子式符合 $C_n(H_2O)_m$（n 与 m 可以相同，也可以不同）通式的化合物，如甲醛（CH_2O）、乙酸（$C_2H_4O_2$）等，它们并不属于碳水化合物。因此"碳水化合物"这个名称已失去原来的意义，但因沿用已久，至今仍在使用。近代科学研究证明，从结构上看，糖类一般是多羟基醛或多羟基酮，以及水解后生成多羟基醛或多羟基酮的一类化合物。

2. 糖的分类

糖类常根据其能否水解，以及水解后生成的物质分为单糖、二糖和多糖三类。如表 9-1 所示。

表 9-1　糖类物质的分类

类别	单糖	二糖	多糖
特点	不能水解成更简单的糖	能水解,一分子二糖水解产生两分子单糖	能水解,每一分子多糖水解后可产生多分子单糖
分子式	$C_6H_{12}O_6$	$C_{12}H_{22}O_{11}$	$(C_6H_{10}O_5)_n$
常见的糖	葡萄糖、果糖	蔗糖、麦芽糖	淀粉、纤维素

二、单糖

自然界里的单糖种类很多,按分子中所含碳原子的数目可分为丙糖、丁糖、戊糖、己糖等。分子中含有醛基的叫醛糖,分子中含有酮基的叫酮糖。葡萄糖和果糖是最常见和最重要的单糖。

1. 葡萄糖

葡萄糖是自然界分布最广的单糖。它存在于蜂蜜、成熟的葡萄、带甜味的水果以及植物的种子、根、茎、叶、花中,动物的血液、脑脊髓液中也含有少量的葡萄糖。淀粉等食用糖类在人体中能转化为葡萄糖而被吸收,正常人的血液里约含质量分数为 0.1% 的葡萄糖,叫做血糖。

(1) 葡萄糖的结构和性质　葡萄糖的分子式为 $C_6H_{12}O_6$,它是白色晶体,有甜味、能溶于水。

动手操作

【实验 9-1】在一支洁净的试管里配制 2mL 银氨溶液,加入 1mL 10% 的葡萄糖溶液,振荡,然后在水浴里加热 3~5min,观察现象。

【实验 9-2】在试管里加入 2mL 10%NaOH 溶液,滴加 5% $CuSO_4$ 溶液 5 滴,再加入 2mL 10% 的葡萄糖溶液,加热,观察现象。

实验记录:

实　验	实　验　现　象	结　论
9-1		
9-2		

讨论:

根据上述实验现象分析,葡萄糖分子中具有什么官能团?葡萄糖具有什么性质?

实验证明,葡萄糖是醛糖,分子中含有醛基,容易被氧化成羧基,能发生银镜反应,也能被新制的 $Cu(OH)_2$ 氧化,它的结构简式为 $CH_2OH—CHOH—CHOH—CHOH—CHOH—CHO$,它是一种多羟基醛。它是一种己醛糖。

(2) 葡萄糖的制法　在工业上,通常采用淀粉作原料,用硫酸等无机酸作催化剂,发生水解反应而制得葡萄糖。

$$(C_6H_{10}O_5)_n + nH_2O \xrightarrow[144\sim147℃]{\text{催化剂}} nC_6H_{12}O_6$$
淀粉

(3) 葡萄糖的用途　葡萄糖是人体必需的营养物质,它在人体组织中进行氧化反应,放出热量,以维持人体生命活动所需要的能量。

$$C_6H_{12}O_6(s)+6O_2(g)\longrightarrow 6CO_2(g)+6H_2O(l)+2840kJ$$

葡萄糖在医药上用作营养剂，并有强心、利尿、解毒等作用。它不需消化就被人体直接吸收而迅速产生能量，静脉注射与滴注葡萄糖溶液是对血糖过低、病后恢复期等患者补充营养的重要方式。葡萄糖还是制备维生素 C、葡萄糖酸钙等保健药物的原料。

制镜工业和热水瓶胆镀银常用葡萄糖作还原剂。葡萄糖在食品工业上用于制糖浆、糖果等。

2. 果糖

果糖在自然界中以游离状态存在于植物中，甜的水果及蜂蜜中含量最多。

果糖的分子式是 $C_6H_{12}O_6$，与葡萄糖互为同分异构体。果糖的结构简式是：

$$CH_2OH—CHOH—CHOH—CHOH—CO—CH_2OH$$

果糖是一种多羟基酮。它是一种己酮糖。

果糖是白色晶体，易溶于水，吸湿性特别强，常吸收空气中的水分变成黏稠状的糖浆。

果糖分子中含有酮基，没有醛基。但在碱性条件下，可以转变为醛基。所以，果糖也具有还原性。

果糖可作营养剂，它在体内极易转变为葡萄糖。果糖适用于制作冷饮、蜜饯、果酱、糕点等食品。

三、二糖

糖类每一个分子水解后能生成几个分子单糖的叫做低聚糖。水解后能生成二分子单糖的低聚糖叫二糖，能生成三分子单糖的低聚糖叫三糖等。二糖是最重要的低聚糖。蔗糖和麦芽糖都是二糖。

1. 蔗糖

蔗糖存在于植物的根、茎、花、种子和果实中。特别是以甘蔗（含糖质量分数 11％～17％）和甜菜（含糖质量分数 14％～26％）的含糖量为最高。

（1）蔗糖的制法　蔗糖在工业上是将甘蔗或甜菜经榨汁、浓缩、结晶等操作过程而制得，所以叫做蔗糖，也叫做甜菜糖。

（2）蔗糖的性质　蔗糖的分子式是 $C_{12}H_{22}O_{11}$。蔗糖为无色晶体，易溶于水，甜味仅次于果糖。

动手操作

【实验 9-3】蔗糖的性质。

编号	实　验　步　骤	实 验 现 象	结论
Ⅰ	① 在洁净的试管 A 里加入 1mL 20％的蔗糖溶液 ② 往其中滴入 3 滴稀 H_2SO_4（1：5）水浴加热 5min ③ 滴入 NaOH 溶液至碱性 ④ 再往试管里加入 2mL 新制银氨溶液，并水浴加热 3～5min	试管内壁上形成一层光亮的银镜	
Ⅱ	① 在洁净的试管 B 里加入 1mL 20％的蔗糖溶液 ② 往试管里滴入 2mL 新制银氨溶液，并水浴加热 3～5min	无明显现象	
Ⅲ	用新制 $Cu(OH)_2$ 代替银氨溶液做上述实验，并分别加热煮沸	试管 A 中出现红色沉淀，试管 B 中无明显现象	

讨论：

实验说明蔗糖分子中是否含有醛基？蔗糖溶液加酸并加热后，反应产物中是否含有醛基？

从上述实验可以看出，蔗糖不发生银镜反应，也不能还原新制 $Cu(OH)_2$，说明蔗糖分子结构中无醛基，因此不显还原性。蔗糖在硫酸或酶的催化作用下，能发生水解反应，生成葡萄糖和果糖。

$$C_{12}H_{22}O_{11} + H_2O \xrightarrow[\triangle]{\text{催化剂}} C_6H_{12}O_6 + C_6H_{12}O_6$$
$$\quad\text{蔗糖}\qquad\qquad\qquad\qquad\text{葡萄糖}\quad\text{果糖}$$

因此蔗糖水解后能发生银镜反应，也能还原新制的氢氧化铜。

（3）蔗糖的用途　蔗糖是重要的甜味食物，日常生活中所食用的白糖、冰糖、红糖的主要成分都是蔗糖。人患肝炎时，需适当多吃些食糖，以帮助肝脏解毒。但根据流行病学调查的结果，粮食吃得少、甜食和饮料吃得多而使蔗糖摄入量过高的人，可能引起高脂血症，其冠心病发病率比正常食用蔗糖的人群要高得多。

2. 麦芽糖

麦芽糖在自然界以游离态存在的很少。通常麦芽糖是用含淀粉较多的农产品如大米、玉米、薯类等作为原料，在淀粉酶（存在于麦芽中）的作用下，约 60℃ 时，发生水解反应而生成的。

麦芽糖的分子式是 $C_{12}H_{22}O_{11}$。麦芽糖是白色晶体（常见麦芽糖是没有结晶的糖膏），易溶于水，有甜味，但是不如蔗糖甜。

麦芽糖分子中含有醛基，因此具有还原性。在硫酸或酶的催化作用下，能发生水解反应，1mol 麦芽糖水解生成 2mol 葡萄糖。

$$C_{12}H_{22}O_{11} + H_2O \xrightarrow[\triangle]{\text{催化剂}} 2C_6H_{12}O_6$$
$$\quad\text{麦芽糖}\qquad\qquad\qquad\qquad\text{葡萄糖}$$

麦芽糖是饴糖的主要成分，用于食品工业中。

四、多糖

多糖是一种复杂的天然高分子有机化合物，它由许多相同或不相同的单糖分子结合而成。多糖的相对分子质量都非常大，从几百到几千万，它们的通式是 $(C_6H_{10}O_5)_n$，但它们的分子里所包含的单糖单元 $(C_6H_{10}O_5)$ 的数目不同，即 n 不同。不仅如此，它们的结构也不相同。

1. 淀粉

淀粉是绿色植物进行光合作用的产物，广泛存在于植物的种子、块根和茎中，其中谷类植物中含淀粉较多。例如，大米约含淀粉 80%，小麦约含 70%，马铃薯约含 20%。

淀粉分子中约含几百个到几千个葡萄糖单元，它的相对分子质量从几万到几十万。淀粉是一类分子量很大的化合物。这类分子量很大的化合物通常叫做高分子化合物。

（1）淀粉的性质　淀粉是白色粉末状物质，不溶于冷水，在热水中淀粉颗粒膨胀破裂，有一部分淀粉溶解在水中，另一部分悬浮在水中，形成胶状淀粉糊，这一过程称为糊化作用。糊化是淀粉食品加热烹饪时的基本变化，即食物由生变熟。

① 水解反应。淀粉分子里没有醛基，所以无还原性，但它在酸或淀粉酶催化作用下可以逐步水解，生成一系列比淀粉分子小的化合物，最后生成葡萄糖。

$$(C_6H_{10}O_5)_n \xrightarrow[\text{酸或酶}]{H_2O} (C_6H_{10}O_5)_m \xrightarrow[\text{酸或酶}]{H_2O} C_{12}H_{22}O_{11} \xrightarrow[\text{酸或酶}]{H_2O} C_6H_{12}O_6$$
$$\quad\text{淀粉}\qquad\qquad\qquad\text{糊精}\qquad\qquad\qquad\text{麦芽糖}\qquad\qquad\qquad\text{葡萄糖}$$

> **动手操作**
>
> 【实验9-4】淀粉的水解。
>
> 实验步骤：在A、B两支试管中各放入0.5g淀粉，在试管A中加入4mL 20%的H_2SO_4溶液，在试管B里加入4mL水，都加热3～4min。用碱液中和试管A里的H_2SO_4溶液，把一部分液体倒入试管C。在试管B和试管C里都加入碘溶液，观察现象。在试管A里加入银氨溶液，稍加热后，观察现象。
>
> 实验现象：试管A内壁上产生光亮的银镜；试管B里溶液产生蓝色；试管C里溶液不变蓝色。
>
> 实验结论：淀粉本身不发生银镜反应。淀粉用酸催化可以发生水解，生成能发生银镜反应的葡萄糖，不用酸催化，淀粉不水解。

② 显色反应。淀粉溶液遇碘（I_2）起反应而显蓝色，这是淀粉的一个特殊性质，因反应灵敏，所以常用于检验淀粉或碘的存在。

（2）淀粉的用途　淀粉是食物的一种重要成分，是人体的重要能源。人们在吃米饭和面食时多加咀嚼，会感到有些甜味，这是口腔的唾液中所含的淀粉酶催化部分淀粉发生水解，生成少量麦芽糖和葡萄糖的缘故。淀粉在小肠中受各种消化酶的作用进一步消化、吸收，生成的葡萄糖进入血液，供人体组织的营养需要。

淀粉水解的中间产物糊精，是相对分子质量比淀粉小的多糖，能溶于水，可作浆糊及纸张、布匹等的上浆剂。

工业上以淀粉为原料，用发酵方法生产酒精时，先用酸或淀粉酶使淀粉水解成葡萄糖，葡萄糖在酒化酶作用下转变为酒精，同时放出二氧化碳。其化学反应可简略表示为：

$$C_6H_{12}O_6 \xrightarrow{\text{催化剂}} 2C_2H_5OH + 2CO_2$$

2. 纤维素

纤维素是自然界分布最广的一种多糖。它是构成植物细胞壁的基础物质，因此一切植物中均含有纤维素。棉花是自然界中较纯的纤维素，约含纤维素92%～95%。脱脂棉和无灰滤纸差不多是纯粹的纤维素。亚麻约含80%，木材约含纤维素50%。

纤维素是由许多葡萄糖分子通过分子间脱水结合而成的直链高分子化合物。它的分子中约含几千个葡萄糖单元（$C_6H_{10}O_5$），相对分子质量约为几十万至几百万。

（1）纤维素的性质　纤维素是白色、无味、无臭的纤维状物质，不溶于水，也不溶于一般的有机溶剂，加热则分解，所以不能熔化。

跟淀粉一样，纤维素没有还原性。

纤维素能发生水解，但比淀粉困难，一般在高温、高压和稀酸存在下可以发生水解，水解的最后产物是葡萄糖。

$$\underset{\text{纤维素}}{(C_6H_{10}O_5)_n} + nH_2O \xrightarrow[\text{高温、高压}]{\text{稀酸}} \underset{\text{葡萄糖}}{nC_6H_{12}O_6}$$

在牛、马、羊等食草动物的消化道中，能分泌纤维素酶使纤维素水解生成葡萄糖，成为食草动物的营养物质。在人体消化道中，没有能使纤维素水解的酶，故不能消化纤维素。但我们每天还要吃一定量含有纤维素的蔬菜，因为纤维素能刺激肠道蠕动和促进消化液的分泌，有助于食物的消化、吸收和排泄。并可降低胆固醇的吸收，预防胆道和泌尿系统结石、心血管的病变和结肠癌等疾病。日常饮食中的食物纤维又叫膳食纤维，它是非常重要的膳食成分。

（2）纤维素的用途　纤维素在国民经济中有重要的用途，除直接用于纺织工业外，常用于制造纤维素硝酸酯、纤维素乙酸酯、黏胶纤维和造纸等。

📖 复习与讨论

如何验证糖是否具有还原性？糖水解后是否具有还原性？

🪟 知识窗　　　　　　糖　　精

糖精化学名称为邻苯甲酰磺酰亚胺，市场销售的商品糖精实际是易溶性的邻苯甲酰磺酰亚胺的钠盐，简称糖精钠。糖精钠的甜度约为蔗糖的 450～550 倍，故其十万分之一的水溶液即有甜味感，浓度高了以后还会出现苦味。糖精对人体没有什么益处，吃下后又不会被人体所吸收，大部分原样从尿中排出。

制造糖精的原料主要有甲苯、氯磺酸、邻甲苯胺等，大量摄入人体后会引起急性中毒，对人体健康危害较大；氯磺酸极易吸水分解产生氯化氢气体，对人体非常有害；糖精生产过程中产生的中间体物质对人体健康也有危害。由于糖精在生产过程中不易提纯，有些杂质，如一些重金属、氨化合物、砷等不易除尽。这些杂质，如进入体内，对胃、肾、膀胱的黏膜有一定刺激作用。长期多量食用糖精，有害物质在体内积累，就会引起慢性中毒，如恶心、呕吐、腹胀、尿少等症状。

近年来，国内发现有些人吃了过多糖精引起血小板减少而致大出血的现象，也有食用过量糖精而发生急性中毒，如口吐白沫、不省人事等症状，经检查发现，脑、心、肺、肾都受严重损害。糖精是否有致癌作用，目前有人试验用 5%糖精掺入饲料饲养大鼠，发现本代与下一代子宫癌、膀胱癌有增高趋势，但在人体试验上未取得证明。

为了保证使用安全，我国政府有关部门规定在食品（如糕点、果汁、酒、酱菜）中最大使用量以不超过 0.15‰为宜，特别是婴儿、幼儿的食品中，禁用糖精，以防不好后果。

任务二　认识油脂

💭 想一想

有人说，进食时吃点肥油或炒菜时放点油，有利于维生素的吸收，你认为如何？油脂露置在空气中容易变质，是何道理？

油脂存在于动植物体内，是人类的主要食物之一，常见的豆油、菜籽油、花生油、猪油和牛油等都是油脂。习惯上把在常温下为液态的油脂称为油，植物油脂通常呈液态。固态的油脂称为脂肪，动物油脂通常呈固态。油脂是油和脂肪的总称。

一、油脂的组成和结构

油脂是由多种高级脂肪酸 [如硬脂酸（$C_{17}H_{35}COOH$）、软脂酸（$C_{15}H_{31}COOH$）和油酸（$C_{17}H_{33}COOH$）等] 跟甘油〈丙三醇 [$C_3H_5(OH)_3$]〉生成的甘油酯。它们的结构可以表示如下：

$$
\begin{array}{l}
CH_2\!-\!O\!-\!\overset{\displaystyle O}{\overset{\|}{C}}\!-\!R_1 \\[4pt]
CH\!-\!O\!-\!\overset{\displaystyle O}{\overset{\|}{C}}\!-\!R_2 \\[4pt]
CH_2\!-\!O\!-\!\overset{\displaystyle O}{\overset{\|}{C}}\!-\!R_3
\end{array}
$$

结构式里 R_1、R_2、R_3 代表饱和烃基或不饱和烃基。它们可以相同，也可以不相同。如果 R_1、R_2、R_3 相同，这样的油脂称为单甘油酯。如果 R_1、R_2、R_3 不相同，就称为混甘油酯。天然油脂大都是混甘油酯。

二、油脂的性质

油脂的相对密度都小于 1，不溶于水，易溶于乙醚、氯仿、丙酮等有机溶剂中。根据这一性质，工业上用有机溶剂来提取植物种子中的油。

油脂是由多种高级脂肪酸甘油酯组成的混合物，而高级脂肪酸中既有饱和的，又有不饱和的，因此，许多油脂兼有烯烃和酯类的一些化学性质，可以发生加成反应和水解反应。

（1）油脂的氢化　液态油在催化剂（Ni）存在并加热、加压的条件下，可以跟氢气起加成反应，提高油脂的饱和程度，生成固态油脂。

$$
\begin{array}{c}
CH_2\!-\!O\!-\!\overset{\displaystyle O}{\overset{\|}{C}}\!-\!C_{17}H_{33} \\[2pt]
CH\!-\!O\!-\!\overset{\displaystyle O}{\overset{\|}{C}}\!-\!C_{17}H_{33} \\[2pt]
CH_2\!-\!O\!-\!\overset{\displaystyle O}{\overset{\|}{C}}\!-\!C_{17}H_{33}
\end{array}
+3H_2
\xrightarrow[\text{加热、加压}]{\text{催化剂}}
\begin{array}{c}
CH_2\!-\!O\!-\!\overset{\displaystyle O}{\overset{\|}{C}}\!-\!C_{17}H_{35} \\[2pt]
CH\!-\!O\!-\!\overset{\displaystyle O}{\overset{\|}{C}}\!-\!C_{17}H_{35} \\[2pt]
CH_2\!-\!O\!-\!\overset{\displaystyle O}{\overset{\|}{C}}\!-\!C_{17}H_{35}
\end{array}
$$

油酸甘油酯（油）　　　　　　　硬脂酸甘油酯（脂肪）

这个反应叫做油脂的氢化，也叫油脂的硬化。工业上常利用油脂的氢化反应，把植物油转化成硬化油。硬化油饱和程度好，不易被空气氧化变质，便于保存和运输，还能用来制造肥皂、甘油、人造奶油等。

（2）油脂的水解　跟酯类的水解反应相同，在有酸或碱或高温水蒸气存在的条件下，油脂能够发生水解反应，生成相应的高级脂肪酸（或盐）和甘油。在酸性条件下水解生成高级脂肪酸和甘油。

$$
\begin{array}{c}
CH_2\!-\!O\!-\!\overset{\displaystyle O}{\overset{\|}{C}}\!-\!C_{17}H_{35} \\[2pt]
CH\!-\!O\!-\!\overset{\displaystyle O}{\overset{\|}{C}}\!-\!C_{17}H_{35} \\[2pt]
CH_2\!-\!O\!-\!\overset{\displaystyle O}{\overset{\|}{C}}\!-\!C_{17}H_{35}
\end{array}
+3H_2O
\xrightarrow{H_2SO_4}
3C_{17}H_{35}COOH+
\begin{array}{c}
CH_2\!-\!OH \\[2pt]
CH\!-\!OH \\[2pt]
CH_2\!-\!OH
\end{array}
$$

硬脂酸甘油酯　　　　　　　　硬脂酸　　　　甘油

如果水解反应在碱性条件下进行，碱跟水解生成的高级脂肪酸反应，生成高级脂肪酸盐（肥皂的主要成分）。因此也把在碱性条件下水解叫皂化反应。

$$
\begin{array}{c}
CH_2\!-\!O\!-\!\overset{\displaystyle O}{\overset{\|}{C}}\!-\!C_{17}H_{35} \\[2pt]
CH\!-\!O\!-\!\overset{\displaystyle O}{\overset{\|}{C}}\!-\!C_{17}H_{35} \\[2pt]
CH_2\!-\!O\!-\!\overset{\displaystyle O}{\overset{\|}{C}}\!-\!C_{17}H_{35}
\end{array}
+NaOH \longrightarrow
3C_{17}H_{35}COONa+
\begin{array}{c}
CH_2\!-\!OH \\[2pt]
CH\!-\!OH \\[2pt]
CH_2\!-\!OH
\end{array}
$$

硬脂酸钠

三、油脂的用途

油脂在人体中的消化过程与水解有关。油脂在小肠里由于受酶的催化作用而发生水解，生成的高级脂肪酸和甘油作为人体的营养为肠壁所吸收，同时提供人体活动所需的能量。

油脂还能溶解一些脂溶性维生素（如维生素 A、D、E、K），因此，进食一定量的油脂能促进人体对食物中含有的这些维生素的吸收。

油脂除可食用外，还可用于肥皂生产和涂料制造等。

 复习与讨论

20 世纪 80 年代，改革开放初期，中国企业家进口了一批大豆，豆粒基本是完好的，只是多了一个小孔，却怎么也榨不出油来，这些大豆中的油是怎么被提取的？

 知识窗　　　　　　**肥皂和合成洗涤剂**

肥皂是广泛使用的洗涤剂，具有去污作用。肥皂的主要成分是高级脂肪酸的钠盐或钾盐即 R—COONa，分子中非极性的链状烃基（R—）易溶于油脂等有机物而难溶于水，叫做憎水基；极性的—COONa 或 —COO⁻ 易溶于水而难溶于油脂等有机物叫做亲水基。

合成洗涤剂的主要成分是烷基磺酸钠 R—SO₃Na 或烷基苯磺酸钠 R—$\langle\!\bigcirc\!\rangle$—SO₃Na。

洗涤时，分子中的憎水基可伸到被洗物（织物）上的油污内，亲水基则在水中，油滴被肥皂分子包围起来，经揉、搓及机械摩擦而脱离附着物，再经水漂洗而去，从而达到洗涤去污的目的（如图 9-1 所示）。

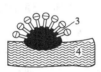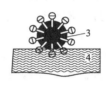

图 9-1　肥皂去污原理示意图
1—亲水基；2—憎水基；3—油污；4—纤维织品

日用洗涤剂中一般加有辅助剂（如磷酸盐）。辅助剂的加入能改善洗涤剂的功能。洗涤剂使用后的洗涤污水会给环境带来影响甚至危害。特别是含量高（可达洗涤剂质量的 50%左右）的辅助剂磷酸盐，随着洗涤污水汇同人类尿等生活污水中的 N、P 等一起排入水域中，使水中浮游生物繁殖所需的 N、P 等营养元素增加，造成水体富营养化现象，使水域环境恶化。减少洗涤剂中的含磷量是防止水体发生富营养化、保护水质的重要措施，所以应大力提倡使用无磷洗涤剂。

任务三　认识蛋白质

想一想

为什么医院里用高温蒸煮、紫外线照射、喷洒苯酚溶液、在伤口处涂抹酒精溶液等方法来杀菌消毒？

蛋白质是天然有机高分子化合物，广泛存在于生物体内，是组成细胞的基础物质。动物的肌肉、皮肤、血液、发、毛、蹄、角、指甲、蚕丝等都是由蛋白质构成的。一切重要的生命现象和生理机能都与蛋白质密切相关。如在生物新陈代谢中起催化作用的酶，有些起调节作用的激素，运输氧气的血红蛋白，以及引起疾病的细菌、病毒，抵抗疾病的抗体等，都含有蛋白质。因此可以说蛋白质是生命的全能高分子化合物，没有蛋白质就没有生命。

一、蛋白质的组成

蛋白质是一类结构非常复杂的化合物，由碳、氢、氧、氮、硫等元素组成，有些蛋白质还含有磷、铁、碘、锰、锌等元素。蛋白质的相对分子质量很大，从几万到几千万。例如，牛奶中所含各种蛋白质的相对分子质量小的为 75000，最大的可达 375000 左右。我们从食物中摄取的蛋白质，在胃蛋白酶和胰蛋白酶的作用下逐步水解，最终生成各种氨基酸。被人体吸收后的氨基酸又能合成人体所需的各种蛋白质。氨基酸是组成蛋白质的基本单元。下面是几种常见的氨基酸。

甘氨酸

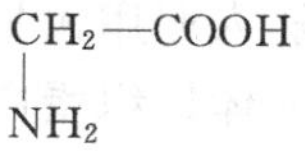

$$CH_2—COOH$$
$$|$$
$$NH_2$$

丙氨酸

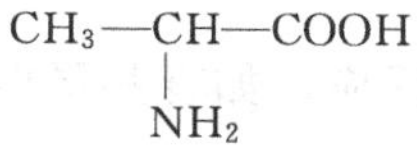

$$CH_3—CH—COOH$$
$$|$$
$$NH_2$$

谷氨酸

$$HOOC—CH_2—CH_2—CH—COOH$$
$$|$$
$$NH_2$$

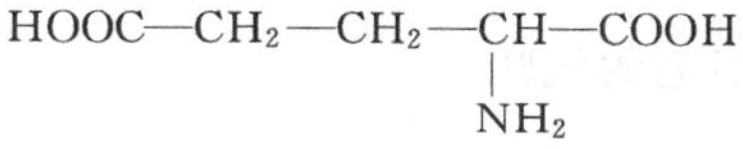

二、蛋白质的性质

有的蛋白质能溶于水（如鸡蛋白），有的难溶于水（如丝、毛等）。

动手操作

蛋白质的性质

【实验 9-5】在盛有鸡蛋清溶液的试管里，缓慢地加入饱和 $(NH_4)_2SO_4$ 溶液，观察发生的现象；然后再向试管中加入蒸馏水，继续观察现象。

【实验 9-6】在三支试管里各加入 3mL 鸡蛋清溶液，加热第一支试管，向第二支试管里加入少量乙酸铅溶液，向第三支试管里加入乙醇的水溶液，观察发生的现象。再向三支试管里分别加入蒸馏水，观察现象。

【实验 9-7】在盛有 2mL 鸡蛋清溶液的试管里，滴入几滴浓硝酸，微热，观察现象。

【实验 9-8】取少量的鸡蛋壳放在酒精灯上灼烧，闻气味。

实验记录：

实　验	实　验　现　象	结　论
9-5		
9-6		
9-7		
9-8		

讨论：

上述实验说明了蛋白质具有哪些性质？

---

1. 盐析

通常蛋白质分子分散在水里形成胶体。少量的盐（如硫酸铵、硫酸钠、氯化钠等）能促进蛋白质的溶解，但如果向蛋白质溶液中加入浓的盐溶液，反而使蛋白质的溶解度降低而从溶液中析出，这种作用称做盐析。这样析出的蛋白质仍可溶解在水中，并不影响原来蛋白质的生理活性。因此盐析是个可逆过程。采用多次盐析，可以分离和提纯蛋白质。

2. 变性

蛋白质在某些物理因素或化学因素的影响下，蛋白质的理化性质和生理功能发生改变的现象，称为蛋白质的变性。

能使蛋白质变性的物理因素有加热、加压、紫外线、X 射线、超声波等；化学因素有强酸、强碱、酒精、甲醛、重金属等。变性后的蛋白质溶解度降低，甚至凝结或产生沉淀，同时也失去原有的生理活性不能再恢复成原来的蛋白质。

蛋白质的变性有许多实际作用，如高温消毒灭菌就是利用加热使蛋白质凝固从而使细菌死亡。进入人体的重金属盐能使蛋白质聚沉，所以会使人中毒，在解救重金属盐（铜盐、铅盐、汞盐等）中毒的患者时，需及时给病人服用大量的生鸡蛋、牛奶或豆浆等使重金属盐与之结合而生成不溶的变性蛋白质，减少人体组织蛋白质的受损，以达到解毒的目的。

3. 颜色反应

蛋白质可以与许多试剂发生颜色反应，如有些蛋白质能跟浓硝酸起反应而呈黄色。

4. 灼烧

蛋白质灼烧时，产生烧焦羽毛的气味。

三、蛋白质的用途

蛋白质是人和动物不可缺少的营养物质，成年人每天大约要摄取 60～80g 蛋白质，才能满足生理需要，保证身体健康。

蛋白质在工业上也有广泛用途。蚕丝和羊毛都是重要的纺织原料。许多动物的皮经过药剂鞣制后，使其中的蛋白质变性，变成不溶于水、不易腐烂的物质，可加工制成柔软坚韧的皮革。用骨和皮等熬煮可制得动物胶，其主要成分就是蛋白质。无色透明的动物胶叫做白明胶，是制造照相感光片和感光纸的原料。许多蛋白酶、血清等则是重要的药物。牛奶中的蛋白质——酪素除用做食品外，还能与甲醛合成酪素塑料，用来制造纽扣、梳子等生活用品。

📖 复习与讨论

1. 什么是物质的显色反应、颜色反应、焰色反应？

2. 农业上用的杀菌剂波尔多液是由硫酸铜和石灰乳按一定比例配制而成的，它能防治植物病的原因是利用蛋白质的盐析还是蛋白质的变性？

🪟 知识窗　　　　食品添加剂

食品添加剂是用于改善食品品质、延长食品保存期、增加食品营养成分的一类化学合成物质或天然物质。

食品添加剂的种类很多，有为了增强食品营养价值而加入的营养强化剂；有为了保持食品新鲜及防止变质而加入的防腐剂、抗氧化剂；有为了改良食品品质（包括感观性状）加入的色素、香料（香精）、漂白剂、增味剂、甜味剂、疏松剂等；也有作为生产辅助材料如碱、盐类、载体溶剂等。

食品添加剂的使用量，卫生部门都有严格的规定。在规定范围内合理地使用一般是无害的，若违反规定，将一些不能作为食品添加剂的物质当作食品添加剂，或者超量使用食品添加剂，均会损害人体健康。根据我国食品添加剂卫生管理办法规定，"鉴于有些食品添加剂具有毒性，应尽可能不用或少用，必须使用时，应严格控制使用范围和使用量"。另外，除去毒性问题外，还应注意以下几方面。

① 添加剂的使用应保持和改进食品营养质量，而不得破坏和降低营养质量。

② 不得用于掩盖缺点（变质、腐败）或粗制滥造，欺骗消费者。

③ 使用添加剂在于减少消耗，改进储存条件，简化工艺，但不能由于使用添加剂而降低良好的加工措施和卫生要求。

④ 婴儿食品、儿童食品不得使用糖精、色素、香精等添加剂。

目前世界各国添加剂使用的品种和数量在不断增加，随之也伴随有急、慢性中毒事故的发生，近年又通过动物试验证实有些添加剂有致癌、致畸、致突变等危害。因此，正确认识和使用食品添加剂是非常必要的。

单 元 小 结

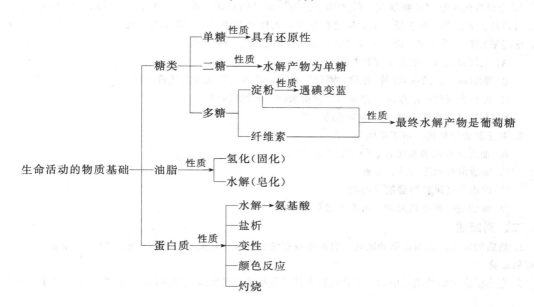

学 习 反 馈

一、选择题

1. 下列说法不正确的是（　　　）。

　　A. 糖类物质是绿色植物光合作用产物，是动植物所需能量的来源

　　B. 葡萄糖可用于医疗输液

　　C. 蔗糖主要存在于甘蔗和甜菜中

　　D. 油脂只能在碱性溶液中水解

2. 蔬菜、水果中富含纤维素，纤维素被食入人体后的作用是（　　　）。

　　A. 为人体内的化学反应提供原料

　　B. 为维持人体生命活动提供能量

　　C. 加强肠胃蠕动，具有通便功能

　　D. 人体中没有水解纤维素的酶，所以纤维素在人体中没有任何作用

3. 下列物质不能发生水解反应的是（　　　）。

　　A. 蛋白质　　　　　　B. 蔗糖　　　　　　C. 油脂　　　　　　D. 烷烃

4. 纤维素被称为第七营养素，食物中的纤维素虽然不能为人体提供能量，但能促进肠道蠕动、吸附排

出有害物质，从纤维素的化学成分看，它是一种（　　　）。

    A. 二糖　　　　　　　B. 多糖　　　　　　　C. 氨基酸　　　　　　D. 脂肪

  5. 从食品店购买的蔗糖配成溶液，做银镜反应实验，往往能得到银镜，产生这一现象的原因是（　　　）。

    A. 蔗糖本身具有还原性

    B. 蔗糖在实验过程中被还原了

    C. 在实验过程中蔗糖发生了水解

    D. 在生产和储存过程中蔗糖有部分水解

  6. 为了鉴别某白色纺织品的成分是蚕丝还是"人造丝"，通常选用的方法是（　　　）。

    A. 滴加浓硝酸　　　　B. 滴加浓硫酸　　　　C. 滴加酒精　　　　D. 火焰上灼烧

  7. 云南特色小吃"过桥米线"做法如下：先用滚沸的鸡汤一碗，上罩浮油，再辅以切得极薄的生肉片、乌鱼片、火腿片、葱头等，最后把主料米线放入拌食即成。"过桥米线"汤鲜、肉嫩、料香、米线滑润，吃起来别有一番风味。以下有关"过桥米线"的说法不正确的是（　　　）。

    A. 上层浮油沸点较高，难以挥发

    B. 浮油对下层汤水起到很好的"液封"作用，使下层汤水及热量难以外逸

    C. 去掉上面的一层浮油，将减弱"过桥米线"的保温效果

    D. 上层浮油高温水解可产生美味的物质

  8. 关于油脂的叙述，不正确的是（　　　）。

    A. 油脂是指油和脂肪，它们不属于酯类

    B. 油脂没有固定的熔、沸点

    C. 油脂是高级脂肪酸的甘油酯

    D. 油脂是一种有机溶剂，可溶解多种维生素

二、判断题

  1. 油脂的氢化，也叫油脂的硬化，目的是提高油脂的饱和程度，得到硬化油。硬化油性质稳定，便于储藏和运输。（　　　）

  2. 皂化反应指的是酯类中的油脂在碱性条件下发生的水解反应，并不是泛指所有的酯类的水解反应。（　　　）

  3. 凡是分子组成符合通式 $C_n(H_2O)_m$ 的化合物属于糖类，也叫碳水化合物。（　　　）

  4. 二糖水解可以转化为单糖，在无机酸或酶的催化作用下，1mol 蔗糖和 1mol 麦芽糖水解时都生成 2mol 葡萄糖，因此二糖水解后能起银镜反应。（　　　）

  5. 淀粉和纤维素的分子式是 $(C_6H_{10}O_5)_n$，但它们的结构不同。因此淀粉和纤维素互为同分异构体。（　　　）

  6. 糖类物质都是白色晶体，易溶于水，都具有甜味。（　　　）

  7. 蛋白质是组成细胞的基础物质，生物的一切生命现象都离不开蛋白质。（　　　）

  8. 在酸、碱重金属盐、热、紫外线等的作用下，蛋白质会发生变性，采用蛋白质的多次变性，可以分离和提纯蛋白质。（　　　）

  9. 我们可以根据蛋白质的颜色反应来鉴别蛋白质，也可以根据蛋白质的灼烧分解来区别毛织物和棉织物。（　　　）

  10. 误服重金属盐，可以服用大量牛乳、蛋清或豆浆解毒，是因为这些物质中的蛋白质能消耗掉误服下去的重金属盐类，免去它对人体蛋白质的凝结。（　　　）

三、填空题

  1. 从结构上看糖类一般是_____或_____，以及能_____生成它们的物质。

  2. 日常生活中所食用的白糖、冰糖、红糖的主要成分都是_____。

  3. 在淀粉水解过程中，淀粉酶的作用是_____，它是一种_____。

4. 油酸甘油酯的结构简式如下图所示。

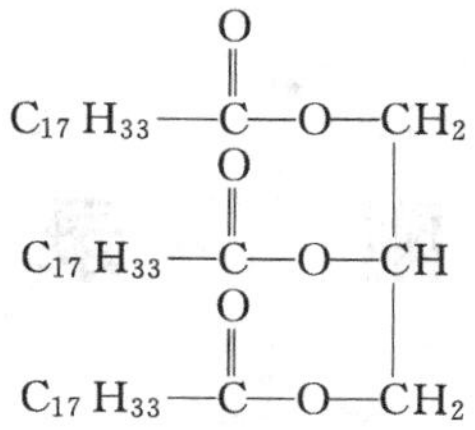

$$
\begin{array}{c}
\qquad\qquad\qquad\quad O \\
\qquad\qquad\qquad\quad \| \\
C_{17}H_{33}-C-O-CH_2 \\
\qquad\qquad\quad O \\
\qquad\qquad\quad \| \\
C_{17}H_{33}-C-O-CH \\
\qquad\qquad\quad O \\
\qquad\qquad\quad \| \\
C_{17}H_{33}-C-O-CH_2
\end{array}
$$

（1）从饱和性看，能发生 _____ 反应，例如与 _____ 反应的化学方程式为 _____。

（2）从酯的性质看，能发生 _____ 反应，该反应的化学方程式是 _____。

四、实验题

1. 有三瓶失去标签的无色透明液体，分别为葡萄糖溶液、蔗糖溶液和淀粉溶液，怎样用实验的方法将它们鉴别出来？

2. 有 A、B 两种液体，可能是矿物油和植物油，现取少量，放在两支洁净的试管里，加入氢氧化钠溶液并加热，冷却后加水振荡，A 出现泡沫，B 中无明显现象。则 A 为 _____，B 为 _____。理由是 _____。

五、问答题

1. 蔗糖里加入稀硫酸或加入浓硫酸会有什么不同？为什么？

2. 在以淀粉为原料生产葡萄糖的水解过程中，用什么方法来检验淀粉已完全水解？

3. 什么叫蛋白质的变性？哪些因素可以使蛋白质变性？

附　　录

一、国际单位制

国际单位制（简称SI）是1960年第11届国际计量大会建议的一种单位制。从1969~1975年国际标准化组织和国际计量大会经过修订、补充、正式推荐使用。目前，我国普遍采用的法定计量单位则以国际单位制为基础。

1. 国际单位制的基本单位

量 的 名 称	单 位 名 称	单 位 符 号
长度	米(meter)	m
质量	千克或公斤(kilogram)	kg
时间	秒(second)	s
电流	安培(Ampere)	A
热力学温度	开尔文(Kelvin)	K
物质的量	摩尔(mole)	mol
发光强度	坎德拉(candela)	cd

2. 本书中用到的非SI单位（其中L、t、h属我国法定计量单位）

量的名称	与 SI 单位的关系
体积	L(升)($1L=10^{-3}m^3$)
质量	t(吨)($1t=10^3kg$)
时间	h(小时)($1h=3600s$)
摄氏温度	℃($0℃=273.15K$)

3. 国际单位制（SI）常用词头

倍数与分数	符　号	例
10^9	G(吉)	1GPa(吉帕)$=10^9Pa$
10^6	M(兆)	1MPa(兆帕)$=10^6Pa$
10^3	k(千)	1kJ(千焦)$=10^3J$
10^{-2}	c(厘)	1cm(厘米)$=10^{-2}m$
10^{-3}	m(毫)	1mm(毫米)$=10^{-3}m$
10^{-6}	μ(微)	1μm(微米)$=10^{-6}m$
10^{-9}	n(纳)	1nm(纳米)$=10^{-9}m$
10^{-12}	p(皮)	1pm(皮米)$=10^{-12}m$

二、常见酸、碱和盐的溶解性表（20℃）

阴离子 / 阳离子	OH⁻	NO₃⁻	Cl⁻	SO₄²⁻	S²⁻	SO₃²⁻	CO₃²⁻	SiO₃²⁻	PO₄³⁻
H⁺		溶、挥	溶、挥	溶	溶、挥	溶、挥	溶、挥	微	溶
NH₄⁺	溶、挥	溶	溶	溶	溶	溶	溶	溶	溶
K⁺	溶	溶	溶	溶	溶	溶	溶	溶	溶
Na⁺	溶	溶	溶	溶	溶	溶	溶	溶	溶
Ba²⁺	溶	溶	溶	不	—	不	不	不	不
Ca²⁺	微	溶	溶	微	—	不	不	不	不
Mg²⁺	不	溶	溶	溶	—	微	微	不	不
Al³⁺	不	溶	溶	溶	—		—	不	
Mn²⁺	不	溶	溶	溶	不	不	不	不	不
Zn²⁺	不	溶	溶	溶	不	不	不	不	不
Cr³⁺	不	溶	溶	溶	—		—	不	
Fe²⁺	不	溶	溶	溶	不		不	不	不
Fe³⁺	不	溶	溶	溶	—	—	不	不	不
Sn²⁺	不	溶	溶	溶	不	—		—	不
Pb²⁺	不	溶	微	不	不	不	不	不	不
Bi³⁺	不	溶	—	溶	不	不	不		不
Cu²⁺	不	溶	溶	溶	不	不	不	不	不
Hg⁺	—	溶	不	微	不	不	不	—	不
Hg²⁺	不	溶	溶	溶	不	不	不	—	不
Ag⁺	—	溶	不	微	不	不	不	不	不

注："溶"表示那种物质可溶于水，"不"表示不溶于水，"微"表示微溶于水，"挥"表示挥发性，"—"表示那种物质不存在或遇到水就分解了。

参 考 文 献

[1] 人民教育出版社化学室编著. 化学：第一册. 北京：人民教育出版社，2003.

[2] 人民教育出版社化学室编著. 化学：第二册. 北京：人民教育出版社，2003.

[3] 花文滨主编. 化学. 北京：中国劳动社会保障出版社，2005.

[4] 王秀芳主编. 无机化学. 北京：化学工业出版社，2005.

[5] 李慧珍主编. 新概念化学：第一册. 北京：中国人民大学出版社，2002.

[6] 杨海波主编. 新概念化学：第二册. 北京：中国人民大学出版社，2002.

[7] 旷英姿主编. 化学基础. 北京：化学工业出版社，2002.

[8] 王宝仁主编. 无机化学. 北京：化学工业出版社，1999.

[9] 高级中学课本（试用本）. 化学（一年级用）. 上海：上海科学技术出版社，1995.

[10] 赵燕主编. 无机化学. 北京：化学工业出版社，2002.

[11] 贺红举主编. 化学基础. 北京：化学工业出版社，2007.

[12] 王建梅主编. 化学. 北京：化学工业出版社，2002.

[13] 袁红兰，金万祥主编. 有机化学. 北京：化学工业出版社，2004.

[14] 刘尧主编. 化学. 北京：高等教育出版社，2001.

[15] 张克荣主编. 化学. 北京：高等教育出版社，2001.

[16] 董敬芳主编. 无机化学. 北京：化学工业出版社，2007.

元素周期表

IUPAC 2013

氧化态（单质的氧化态为0，未列入；常见的为红色）

以 $^{12}C=12$ 为基准的原子量（注◆的是半衰期最长同位素的原子量）

图例说明：

- 95 —— 原子序数
- Am —— 元素符号（红色的为放射性元素）
- 镅◆ —— 元素名称（注◆的为人造元素）
- $5f^77s^2$ —— 价层电子构型
- 243.06138(2)◆ —— 素的原子量

s区元素 ｜ p区元素 ｜ ds区元素
d区元素 ｜ f区元素 ｜ 稀有气体

电子层：K L M N O P Q

第1周期

序数	符号	名称	价层电子构型	原子量	氧化态
1	H	氢	$1s^1$	1.008	+1, -1
2	He	氦	$1s^2$	4.002602(2)	

第2周期

序数	符号	名称	价层电子构型	原子量
3	Li	锂	$2s^1$	6.94
4	Be	铍	$2s^2$	9.0121831(5)
5	B	硼	$2s^22p^1$	10.81
6	C	碳	$2s^22p^2$	12.011
7	N	氮	$2s^22p^3$	14.007
8	O	氧	$2s^22p^4$	15.999
9	F	氟	$2s^22p^5$	18.998403163(6)
10	Ne	氖	$2s^22p^6$	20.1797(6)

第3周期

序数	符号	名称	价层电子构型	原子量
11	Na	钠	$3s^1$	22.98976928(2)
12	Mg	镁	$3s^2$	24.305
13	Al	铝	$3s^23p^1$	26.9815385(7)
14	Si	硅	$3s^23p^2$	28.085
15	P	磷	$3s^23p^3$	30.973761998(5)
16	S	硫	$3s^23p^4$	32.06
17	Cl	氯	$3s^23p^5$	35.45
18	Ar	氩	$3s^23p^6$	39.948(1)

第4周期

序数	符号	名称	价层电子构型	原子量
19	K	钾	$4s^1$	39.0983(1)
20	Ca	钙	$4s^2$	40.078(4)
21	Sc	钪	$3d^14s^2$	44.955908(5)
22	Ti	钛	$3d^24s^2$	47.867(1)
23	V	钒	$3d^34s^2$	50.9415(1)
24	Cr	铬	$3d^54s^1$	51.9961(6)
25	Mn	锰	$3d^54s^2$	54.938044(3)
26	Fe	铁	$3d^64s^2$	55.845(2)
27	Co	钴	$3d^74s^2$	58.933194(4)
28	Ni	镍	$3d^84s^2$	58.6934(4)
29	Cu	铜	$3d^{10}4s^1$	63.546(3)
30	Zn	锌	$3d^{10}4s^2$	65.38(2)
31	Ga	镓	$4s^24p^1$	69.723(1)
32	Ge	锗	$4s^24p^2$	72.630(8)
33	As	砷	$4s^24p^3$	74.921595(6)
34	Se	硒	$4s^24p^4$	78.971(8)
35	Br	溴	$4s^24p^5$	79.904
36	Kr	氪	$4s^24p^6$	83.798(2)

第5周期

序数	符号	名称	价层电子构型	原子量
37	Rb	铷	$5s^1$	85.4678(3)
38	Sr	锶	$5s^2$	87.62(1)
39	Y	钇	$4d^15s^2$	88.90584(2)
40	Zr	锆	$4d^25s^2$	91.224(2)
41	Nb	铌	$4d^45s^1$	92.90637(2)
42	Mo	钼	$4d^55s^1$	95.95(1)
43	Tc	锝	$4d^55s^2$	97.90721(3)◆
44	Ru	钌	$4d^75s^1$	101.07(2)
45	Rh	铑	$4d^85s^1$	102.90550(2)
46	Pd	钯	$4d^{10}$	106.42(1)
47	Ag	银	$4d^{10}5s^1$	107.8682(2)
48	Cd	镉	$4d^{10}5s^2$	112.414(4)
49	In	铟	$5s^25p^1$	114.818(1)
50	Sn	锡	$5s^25p^2$	118.710(7)
51	Sb	锑	$5s^25p^3$	121.760(1)
52	Te	碲	$5s^25p^4$	127.60(3)
53	I	碘	$5s^25p^5$	126.90447(3)
54	Xe	氙	$5s^25p^6$	131.293(6)

第6周期

序数	符号	名称	价层电子构型	原子量
55	Cs	铯	$6s^1$	132.90545196(6)
56	Ba	钡	$6s^2$	137.327(7)
57~71	La~Lu	镧系		
72	Hf	铪	$5d^26s^2$	178.49(2)
73	Ta	钽	$5d^36s^2$	180.94788(2)
74	W	钨	$5d^46s^2$	183.84(1)
75	Re	铼	$5d^56s^2$	186.207(1)
76	Os	锇	$5d^66s^2$	190.23(3)
77	Ir	铱	$5d^76s^2$	192.217(3)
78	Pt	铂	$5d^96s^1$	195.084(9)
79	Au	金	$5d^{10}6s^1$	196.966569(5)
80	Hg	汞	$5d^{10}6s^2$	200.592(3)
81	Tl	铊	$6s^26p^1$	204.38
82	Pb	铅	$6s^26p^2$	207.2(1)
83	Bi	铋	$6s^26p^3$	208.98040(1)
84	Po	钋	$6s^26p^4$	208.98243(2)◆
85	At	砹	$6s^26p^5$	209.98715(5)◆
86	Rn	氡	$6s^26p^6$	222.01758(2)◆

第7周期

序数	符号	名称	价层电子构型	原子量
87	Fr	钫	$7s^1$	223.01974(2)◆
88	Ra	镭	$7s^2$	226.02541(2)◆
89~103	Ac~Lr	锕系		
104	Rf	鈩◆	$6d^27s^2$	267.122(4)◆
105	Db	𨧀◆	$6d^37s^2$	270.131(4)◆
106	Sg	𨭎◆	$6d^47s^2$	269.129(3)◆
107	Bh	𨨏◆	$6d^57s^2$	270.133(2)◆
108	Hs	𨭆◆	$6d^67s^2$	270.134(2)◆
109	Mt	鿏◆	$6d^77s^2$	278.156(5)◆
110	Ds	鐽◆		281.165(4)◆
111	Rg	錀◆		281.166(6)◆
112	Cn	鎶◆		285.177(4)◆
113	Nh	鉨◆		286.182(5)◆
114	Fl	鈇◆		289.190(4)◆
115	Mc	镆◆		289.194(6)◆
116	Lv	鉝◆		293.204(4)◆
117	Ts	鿬◆		293.208(6)◆
118	Og	鿫◆		294.214(5)◆

★ 镧系

序数	符号	名称	价层电子构型	原子量
57	La	镧	$5d^16s^2$	138.90547(7)
58	Ce	铈	$4f^15d^16s^2$	140.116(1)
59	Pr	镨	$4f^36s^2$	140.90766(2)
60	Nd	钕	$4f^46s^2$	144.242(3)
61	Pm	钷◆	$4f^56s^2$	144.91276(2)◆
62	Sm	钐	$4f^66s^2$	150.36(2)
63	Eu	铕	$4f^76s^2$	151.964(1)
64	Gd	钆	$4f^75d^16s^2$	157.25(3)
65	Tb	铽	$4f^96s^2$	158.92535(2)
66	Dy	镝	$4f^{10}6s^2$	162.500(1)
67	Ho	钬	$4f^{11}6s^2$	164.93033(2)
68	Er	铒	$4f^{12}6s^2$	167.259(3)
69	Tm	铥	$4f^{13}6s^2$	168.93422(2)
70	Yb	镱	$4f^{14}6s^2$	173.045(10)
71	Lu	镥	$4f^{14}5d^16s^2$	174.9668(1)

★ 锕系

序数	符号	名称	价层电子构型	原子量
89	Ac	锕	$6d^17s^2$	227.02775(2)◆
90	Th	钍	$6d^27s^2$	232.0377(4)
91	Pa	镤	$5f^26d^17s^2$	231.03588(2)
92	U	铀	$5f^36d^17s^2$	238.02891(3)
93	Np	镎◆	$5f^46d^17s^2$	237.04817(2)◆
94	Pu	钚◆	$5f^67s^2$	244.06421(4)◆
95	Am	镅◆	$5f^77s^2$	243.06138(2)◆
96	Cm	锔◆	$5f^76d^17s^2$	247.07035(3)◆
97	Bk	锫◆	$5f^97s^2$	247.07031(4)◆
98	Cf	锎◆	$5f^{10}7s^2$	251.07959(3)◆
99	Es	锿◆	$5f^{11}7s^2$	252.0830(3)◆
100	Fm	镄◆	$5f^{12}7s^2$	257.09511(5)◆
101	Md	钔◆	$5f^{13}7s^2$	258.09843(3)◆
102	No	锘◆	$5f^{14}7s^2$	259.1010(7)◆
103	Lr	铹◆	$5f^{14}6d^17s^2$	262.110(2)◆